低卡美味罐沙拉

孙晶丹 / 主编

中国纺织出版社

本书的使用方法

食材及用量
制作这道罐沙拉
所用的食材及其用量

推荐人群
最适宜食用这道罐沙拉的人群

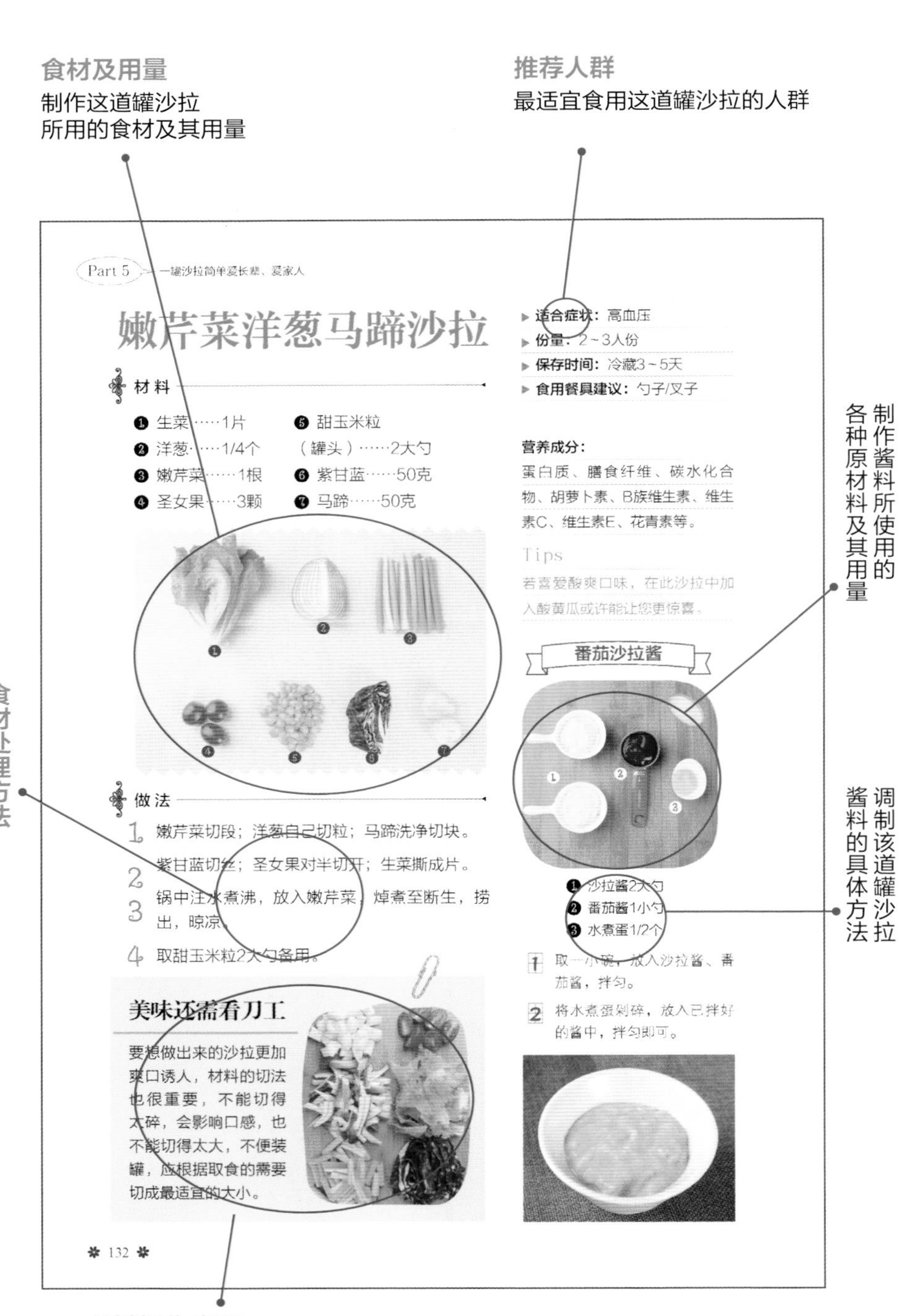

酱料及分量
制作酱料所使用的各种原材料及其用量

食材处理方法
将食材处理至装罐前的详细步骤

酱料调制方法
调制该道罐沙拉酱料的具体方法

关键操作步骤
令这道罐沙拉更加美味的重要步骤

序言　当时尚与健康相互拥抱

“罐沙拉”是什么？是可以吃的沙拉，还是一种有特殊用途的罐子？只要看过它的照片，你一定会一拍脑门，一边感慨这如彩虹一般的美食“魔术”，一边赞叹这种天才般的巧思。当时尚与健康相互拥抱，奇迹就这样发生了。罐沙拉在欧美、日本及中国台湾地区时尚圈的火爆便是证明。越来越多的年轻人心甘情愿地走进厨房，在网络上大晒自己的厨艺“作品”，并迅速成为最时尚的“都市带饭族”。

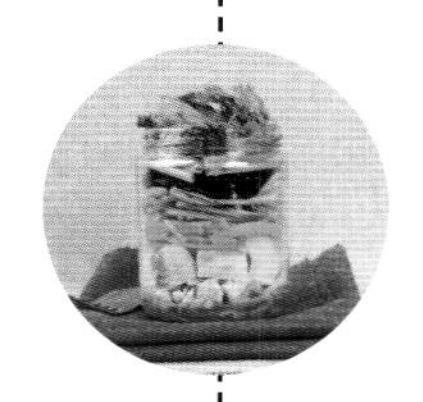

罐沙拉不仅仅是好看而已。用这种密封罐把食物塞紧，充分隔绝了空气，大大延长食物的保鲜期。一罐做好的沙拉放进冰箱可保存4～5天，非常适合忙碌的上班族。周末做上几罐，放进冰箱，想吃的时候随时拿出来，并且方便携带出门。制作罐沙拉可以发挥天马行空的想象力，只要是想吃的、买得到的、家里有的食材，统统可以拿来混搭。

这种看似“玩”美食的做法，恰恰符合现代营养学的理念。有营养学专家称，预防癌症最简单易行的方法，就是实现“蔬果彩虹579”，也就是儿童一天至少要吃5份蔬果，女性要达到7份，男性则是9份，每份蔬果的量为一个拳头的大小，并且至少有一份是深绿色或者深黄色的蔬果，颜色越多，越像“彩虹”，营养素种类就越全面。罐沙拉仿佛就是为了实现这一健康使命而诞生的一般。谁说不能“玩”出健康？

如果你觉得罐沙拉就是年轻人的“专利”，那一定是想象力又“开小差”了。既然能“玩”出健康，为什么不带着全家人一起“玩”？本书就本着这种“让人人都时尚、让人人都健康”的理念，为全家人都推荐了满足其健康需求的罐沙拉，包括青少年、孕妈妈、中年男性和女性，以及家里的长辈。所以除了制作自己爱吃的罐沙拉，也可以亲手为家人做一罐来表达关爱哦！

本书精选了64道符合国人口味和营养需求的罐沙拉，详细介绍了其制作方法（包括64款酱料的做法），并附有温馨小贴士，让你学到不少轻松制作美味的“小秘密”。每道罐沙拉均附有视频二维码，扫一扫，即可观看制作视频，非常方便。希望帮你开启有趣的美食“彩虹之旅”！

目录 Contents

Part 1
“食”尚轻巧，罐沙拉满足你的期待

Part 2
一罐沙拉，帮你更年轻、更美丽

Part 3 一罐沙拉，让你压力少、体质强

Part 4
一罐沙拉，呵护孕妈妈、胎宝宝

Part 5
一罐沙拉，简单爱长辈、爱家人

Part 1

“食”尚轻巧，罐沙拉满足你的期待

食材搭配自由，酱料变幻无穷，灵活多变的天性赋予了沙拉“永远最贴心”的潜质。为了满足人们多变的生活节奏，沙拉将自己委身于一只玻璃罐，于是方便贮存和携带的“罐沙拉”就成了时下的美食新宠，让只能在餐厅或闲暇时慢慢享用的美味变得触手可及。在繁忙的都市生活间隙，随手打开一只玻璃罐，挖出彩虹般满满的“正能量”，迅速为身体补充新鲜的活力，是一件多么美妙的事情！还等什么，一起来了解罐沙拉吧！

[出门带瓶罐沙拉，让健康时尚零负担]

什么菜能让人一次到5种以上最有营养的新鲜食材？当然是沙拉！这种快捷又营养的吃法越来越受到热爱时尚的年轻人以及素食主义者的喜爱。那“罐沙拉”又是什么呢？它和沙拉有“亲缘”关系吗？让我们先看看罐沙拉的“身世”吧。

[沙拉的流行]

沙拉最早来自西方，是用各种凉透了的熟料或是可以直接食用的生料加工成较小的形状后，再加入调味品或调味汁拌制而成的。近年来，沙拉日益流行于韩国等亚洲国家，在美容瘦身理念的带动下，可以任意搭配组合食材，便于控制进餐总热量的沙拉更有了代替正餐的趋势。

[从“过夜沙拉”到“罐沙拉”]

沙拉的保鲜期很短，一般是现吃现做。为了延长保鲜期，人们将不同的食材按照保鲜时间一层一层堆叠在一个较深的透明容器中，并把沙拉酱或调味汁浇在最上面，然后放进冰箱保存，称为“分层沙拉”或“过夜沙拉”。随后，身量轻便的螺纹口玻璃瓶取代了较大的容器，使“分层沙拉”摇身一变成为“罐沙拉”。在小小的玻璃罐中，食材因为压得更紧实而进一步隔绝了空气，延长了保鲜期，密封的瓶子也很方便随身携带。

[时尚圈的追捧]

罐沙拉在国外的流行可以用“势不可挡”来形容。在纽约、巴黎、东京，无论是时尚圈还是社交网站，都能找到追捧它的人。罐沙拉让年轻人也纷纷加入都市“带饭族”的行列，让传统盒饭的“颜值”和健康指数统统突破了极限。

关键词一：7蔬果

塞得越满越有利于保鲜，所以一瓶罐沙拉通常可以装7种蔬果，轻松提供膳食纤维、维生素、矿物质，不仅能用最温和的方式化解便秘、排毒瘦身，还有助于改善全身肤质、强化免疫力。

关键词二：零油烟

除了对某些肉类食材进行简单的预处理，制作罐沙拉的过程几乎没有油烟，让对油烟“零容忍”的你也可以轻松应对。另外，每一罐沙拉的酱料都可以根据自己的需要来调制，在口感和热量上都绝对自由，还能充分发挥创意。

关键词三：不费力

作为劳累的上班族，回到家立即开火做饭，吃完饭马上去洗碗，这样的日子太辛苦。而制作罐沙拉的过程截然不同，在游戏一样的氛围中，就能完成一道营养的美味。

关键词四：易保存

与盘装沙拉相比，罐沙拉的保鲜期可延长3~5天，原因在于不同食材之间的接触面积已尽可能地减小，而且在装罐的过程中讲究一定的顺序，湿的、易出水的食材在下面，干的、不易出水的食材在上面。

关键词五：高颜值

比起小时候最爱的“糖果罐”，罐沙拉的卖相毫不逊色，它一定会让你惊叹天然食材之美。下次和同伴一起出门，饿了就掏出一瓶罐沙拉，保证你赚足眼光，被赞为时尚达人！

[清肠、瘦身、提精神，一罐沙拉功效多]

对于渴望减肥、美容的人士来说，一罐沙拉仿佛就是一个膳食纤维、维生素、矿物质的“宝库”，加上低热量、低糖、低盐的特点，让清肠排毒、瘦身美容的“每日必做功课”突然变得简单起来，而且很容易坚持下去。

罐沙拉提升你的“幸福指数”

英国某大学心理系的研究团队发现，在冷静、愉快、富有精力的年轻人的食谱中，蔬果占有非常大的比例。该团队进而研究和公布了日常摄入蔬果的最佳数量：每天摄入7~8份不同种类的水果和蔬菜，情绪将产生显著的改善，自我感觉“很幸福”。此外，选择蔬果应遵循“彩虹原则”，即颜色越丰富越有益健康。如此看来，罐沙拉当仁不让地成为提升“幸福指数”的专家！

糖尿病、高血压、高脂血症 Vs 罐沙拉

糖尿病、高血压、高脂血症等患者对于沙拉的“恐惧”主要来自市售的沙拉酱。市售沙拉酱的油脂含量可高达50%，令人望而却步。但罐沙拉保鲜期长，食材的选择更加广泛，因此酱料也完全依据食材的需要进行调配，如用橄榄油、醋、食盐、黑胡椒调制的“油醋酱”，就非常低脂健康。

准妈妈 Vs 罐沙拉

准妈妈的食欲一般不太好，选择颜色鲜艳又不油腻的蔬果最能开胃爽口。罐沙拉可以为准妈妈迅速补充大量的维生素和膳食纤维，既有利于宝宝的生长发育，又能防止孕期便秘，还不用担心准妈妈发胖和宝宝超重。对于嗜酸、嗜辣的准妈妈来说，罐沙拉的食材和酱料都可以根据自己的口味进行调节，非常贴心，而且做起来简单不累，做好后易于存放，随吃随取。

不会做饭 Vs 罐沙拉

罐沙拉最适合不会做饭但又真心热爱美食的“玩乐”派，只要亲自动手，不到一天就能学会，而且还会爱上百变创意呢！

“肉食动物” Vs 罐沙拉

喜欢肉食的人由于缺乏蔬果中的膳食纤维，很容易积累毒素，久而久之还会变成酸性体质。除了膳食纤维，蔬果中的维生素、矿物质也是提振精神的“兴奋剂”，需要不断补充，别忘了随手来一罐沙拉哦！

[挑选适合的玻璃罐]

每个人家里多少都会有些空的辣酱瓶、果酱瓶、泡菜瓶、速溶咖啡瓶等，观察一下这些玻璃罐是否具有以下特征：

※ 罐口采用旋盖式，罐盖内侧有“防漏垫圈”或者其他防漏水设计

※ 有一定的容量，在350毫升~550毫升之间

如果家里的废旧玻璃罐满足以上特征，就可以“变废为宝”，用来做罐沙拉了！

撕掉标签

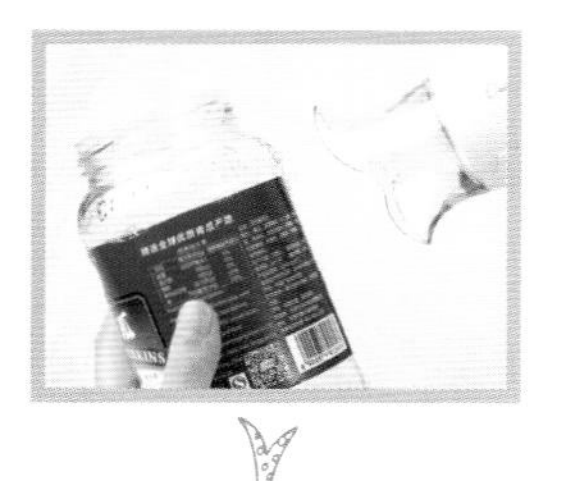

方法❶ 用电吹风吹

将电吹风调到热风，对着标签表面吹，待标签有些发热时，从边缘慢慢撕掉即可。

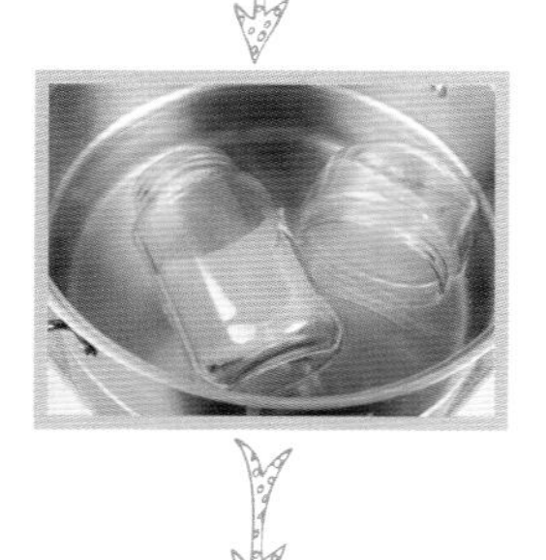

方法❷ 用热水泡

对于水溶性的粘胶，只需将玻璃罐放进热水中浸泡片刻，标签便会自动脱落。

方法❸ 用酒精擦拭

对于撕不干净的强力粘胶，可将粘胶处泡在医用酒精中，静待5~10分钟，再用抹布擦拭掉即可。

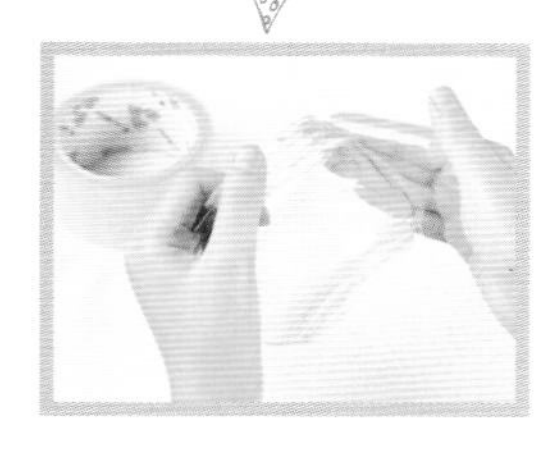

方法❹ 用胶带粘掉

对于残留的少量强力粘胶，可用黏度较好的胶带，粘在有胶的地方，然后猛地撕起，反复几次，即可将粘胶去掉。

去除异味

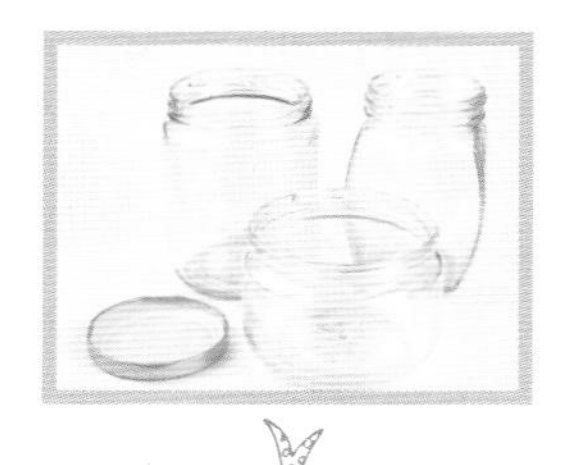

方法❶ 敞开口放置

如果玻璃罐只有轻微的异味，可将其清洗干净后，敞开口放置在通风的地方，过几天异味即可散去。

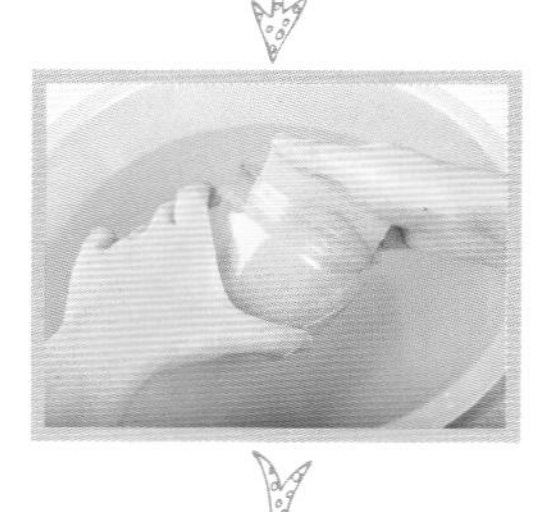

方法❷ 用洗洁精洗

如果异味隐藏在瓶内的死角处，可用蘸有洗洁精的百洁布仔细清洗罐身及罐盖，并将洗洁精彻底冲洗干净。

方法❸ 用黄芥末清洗

在玻璃罐中加入1勺黄芥末酱，注入热水，盖上盖子，摇晃一会儿，最后倒出芥末水，用清水将玻璃罐冲洗干净。

清洗消毒

①取一个稍大的锅，将准备好的玻璃罐放入锅中。

②往锅中注入冷水至没过玻璃罐，开火，煮至水沸后转小火，再继续煮约10分钟。

③最后将罐盖一起放入锅内稍煮片刻，注意有防漏垫圈的罐盖不宜加热太久。

④关火后将玻璃罐和罐盖取出，自然风干即可。

[掌握最简单的称量法]

如果说制作沙拉有什么好吃的秘诀，那一定是酱料了。酱料如果调配得好，就连最简单的食材吃到嘴里，也能让人眼前一亮。而调配酱料最关键的环节就是掌握比例，所以学会一些简单的称量方法很有必要。

酱料的称量法

在调制酱料的过程中，最简单的称量法是用量勺中的大勺和小勺。

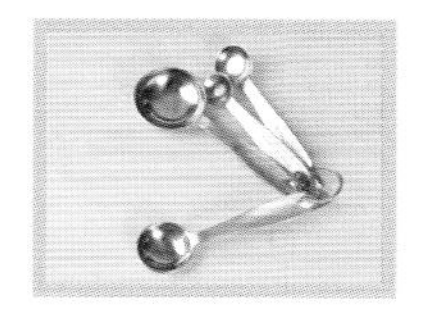

1小勺（1ts）=5毫升

1大勺（1TS）=15毫升

市售的标准量勺都符合这个标准。大勺也常被称为汤匙，小勺则被称为茶匙。在没有量勺的情况下，可以选择一个成年人常用的勺子代替，它大概相当于1大勺的容量，1小勺则是1/3大勺。

称量粉质食材，如盐、糖、胡椒粉等，正确方法是用筷子将表面轻轻抹平，切勿按压。

称量液体食材，如醋、橄榄油、酱油等，正确方法是使液体既不溢出又盛满整个量勺。

称量酱类食材，如番茄酱等，正确方法是将量勺盛满，轻轻刮掉量勺边缘多余的部分。

食材的称量法

罐沙拉所用的食材较多，对每种食材都需要进行称量，最好能在家里备一台电子秤。但是如果每一种食材都过一遍秤，也是件非常繁琐的工作。所以我们推荐一种相对简单的食材称量法，即以100克为标准，先看看常见食材如何估取。

当你渐渐熟悉了常见食材100克有多少，就能“胸有成竹”地快速取用食材啦！成就感不断增加，制作罐沙拉的乐趣也迅速升级。

每种食材
黄瓜：中等粗细1/2根
白菜：1大片菜叶
生菜：3大片菜叶
鸡腿菇：1把
圣女果：8~10个
西蓝花：3~4朵
豆芽：2把
荞麦面：1小把
红薯：中等大小1/2个

[适合做罐沙拉的食材]

罐沙拉的原料选择范围很广，各种蔬菜、水果、海鲜、禽蛋、肉类以及五谷、面食、坚果等均可用于罐沙拉的制作。为了尽可能地延长罐沙拉的保鲜期，针对不同食材的洗切和处理，有些小细节还需要详细地了解。

蔬菜

蔬菜所含的维生素、矿物质以及一些活性酶很容易在洗切和烹调加热的过程中被破坏，因此对于可以生食的蔬菜尽量生食，但对于需要加热以去除有害物质的蔬菜，还是应焯煮再食用。

<< 叶菜类

如生菜、油麦菜、空心菜、娃娃菜等，易吸附酱汁，但容易腐坏，添加量不宜多。叶菜类含有较多维生素C和活性酶，生吃最营养，但菠菜、白菜、苋菜、空心菜等需要焯水后才能食用。

<< 根茎类

如红薯、土豆、芋头、山药、胡萝卜等，需要去皮并蒸熟或煮熟后再使用，蒸熟比煮熟口感更好。根茎类蔬菜富含淀粉和膳食纤维，能提供饱腹感，并具减肥功效。

<< 果菜类

包括西红柿、茄子、彩椒等茄果类，南瓜、黄瓜、苦瓜等瓜果类，四季豆、青豆、豌豆等豆果类，口感和营养都很丰富。对于可以生食的果菜类，也是提倡尽量生食，但需注意清洗干净，以免有农药残留。

<< 花菜类

如花菜、西蓝花、黄花菜、韭菜花等，这类蔬菜不宜生食，而且常有花虫隐藏在其中，较难洗净。可以先用淡盐水浸泡20分钟以上，再用沸水焯煮至断生。焯煮时加少量的盐和食用油，可保持其脆爽的口感。

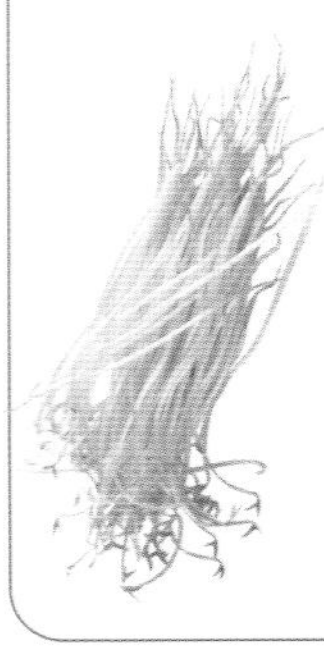

<< 芽菜类

如绿豆芽、黄豆芽、萝卜芽、苜蓿芽等，芽菜富含水分，容易变质，最好现买现食，洗完后立即食用，以免丧失鲜脆的口感。如果需要焯水，也切忌焯煮的时间过长，以免变得过于软烂，口感不佳。

<< 香辛类

如茴香、罗勒、薄荷、辣椒、香椿等具有强烈香辛味道的蔬菜，最好不要混用，以免香气过于浓烈甚至相互抵触。具有香辛味道的物质大多具有挥发性，因此这类蔬菜最好在食用前再进行洗切，以免香味散失。

水果、干果

大部分水果都可以生食，几乎没有需要加热处理的。所以，处理水果时最重要的问题是如何洗去残留的农药。无论“水溶性”还是“油溶性”的农药，用大量的流水仔细冲洗都是必需的步骤。

<< 仁果类

外果皮及中果皮与果肉相连，内果皮形成果心，里面有种子，如苹果、梨、柿子等，需要去除种子和果皮，取果肉使用，适合搭配酸甜口味的沙拉酱。去皮后应立即放进冷水中浸泡，以免在空气中氧化变色。

<< 柑果类

外皮含油泡，内果皮形成果瓣，如橙子、柠檬、柚子、葡萄柚、金橘等，可为罐沙拉增加酸甜清爽的口感，改善油腻，并且富含维生素C，有美容瘦身、提振精神的作用。如果将内果皮剥去，口感更佳。

<< 浆果类

多汁肉质单果，由一个或几个心皮形成，含一粒至多粒种子。如葡萄、草莓、桑葚、蓝莓、圣女果、香蕉等，口感酸甜诱人，可为整罐沙拉画龙点睛，但忌碰撞和挤压，宜最后放入，摆在最上层。

<< 核果类

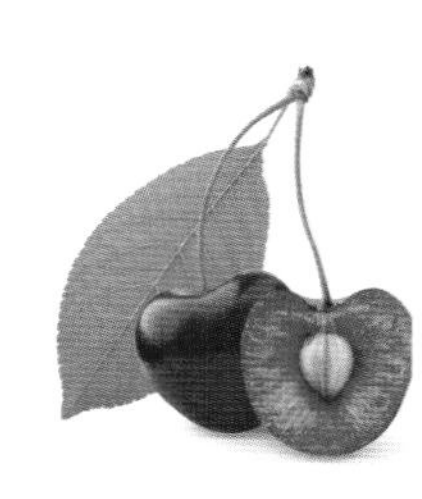

内果皮形成硬核，并包有一粒种子，如桃子、李子、杏、梅子、樱桃等。如果是较小的核果，只需洗干净即可装入罐中。如果是较大的核果，则需要弃去果核，取果肉部分切成小块使用。

<< 瓜果类

有较硬的果皮，里面有瓤和数量较多的籽，如西瓜、哈密瓜、甜瓜等，多为春夏季的时令性水果，并具有怡人的香气。当季食用可为身体补充所需的营养素，有清热解暑、利尿通便的作用。瓜果类容易变质，不宜久存。

<< 坚果类

包括核桃仁、花生、芝麻、腰果、杏仁、板栗等，富含有益健康的不饱和脂肪酸和维生素E，具有预防心脑血管疾病、健脑益智、润肤养颜、润肠通便等作用。可直接使用，也可以用小火煸炒后使用，香味更加浓郁。宜放在罐沙拉的最上层。

蛋白质食品

蛋白质是人体所需的重要营养物质，在罐沙拉中添加适量的高蛋白食品非常重要。肉类和海鲜类需要煮熟或炸制后再食用；蛋类和豆制品也需要先煮熟。加入了肉类食材的罐沙拉建议储存在冰箱中温度较低的区域，不宜放在经常接触空气的冰箱门。

<< 猪肉

最好不要选择肉馅或肉末，因为这样更容易与空气接触，保存期不长。最好选择没有骨头的部位，便于切制成肉片，并需要充分制熟，如煮熟、煎熟、炸熟，再装入沙拉罐中，可延长保鲜期。

<< 牛肉

牛肉蛋白质含量高，脂肪含量低，味道鲜美，富含铁质，具有预防贫血、补虚养颜等作用。有些人习惯吃5~7分熟的牛肉，但制作罐沙拉时，务必将牛肉完全煮熟，不要保留血水，这样才不易腐坏变质。

<< 鸡肉

鸡肉的脂肪含量很低，而且肉质紧密，比猪肉和牛肉的保鲜期稍长。制作罐沙拉一般选择鸡胸肉，如果嫌其口感过于干涩，可以将鸡肉放在最下层，让其充分吸收酱汁，或者处理鸡肉时预先上浆。

<< 海鲜

鱼类尽量挑选无刺的，或者已经剔除刺的部位；虾类、鱿鱼、章鱼是很好的选择，应将内脏去除，并将皮剥除，再切成小块并充分煮熟，以免滋生细菌；蟹和贝类带有硬壳，应先将壳剥去再制作罐沙拉。

<< 蛋类

鸡蛋、鸭蛋、鹌鹑蛋等蛋类的保存时间较长，前提是不碰到水。可以用清水煮熟，然后剥去壳，切成两半，直接装入罐中；也可以打成蛋液，然后在平底锅中煎成蛋皮，晾凉后切成丝；还可以制作成煎蛋。

<< 豆制品

豆制品富含肉类中缺乏的植物蛋白，因此与肉类的营养成分互补，宜选择有一定硬度、不怕挤压的豆制品，如豆干、豆皮丝、豆筋、冻豆腐、豆腐泡等，添加在罐沙拉中能增强饱腹感，口感也颇能令人满意。

米面类

罐沙拉中适量加入米面类食品，可以为人体提供充足的碳水化合物，再合理搭配蔬果及肉类，就相当于一份正餐了。需要留心的是，选用的米面类食材冷藏后，是否会变得干硬而不利于在外直接食用。

<< 粉面类

如意大利面、荞麦面、米粉、凉皮等，需煮熟并放凉后再装进沙拉罐，煮熟后过一遍凉水可以让口感更弹滑。意大利面不会因为久泡而软烂，其他的粉面类需要考虑其是否能直接泡在酱汁中，或者是否适宜冷藏。

<< 面点类

包括面包、饼干、蛋糕、煎饼、烙饼等，在装进沙拉罐之前，需要切成或掰成小块。质地紧实的法式面包、欧式面包非常适合制作罐沙拉。整块饼干可当夹层，隔开不同的食材，压碎的饼干则可代替坚果使用。

<< 五谷类

如大米、糯米、薏米、糙米、燕麦片等，不同的五谷在罐沙拉中有不同的用法。如大米、糙米、糯米可以煮成米饭，搭配口感丰富的酱料和肉类；薏米可以煮熟晾凉后制成祛湿美白的甜品；燕麦片则可以炒熟或泡软后直接使用。

<< 豆类

常用的有黄豆、红豆、绿豆等，需煮熟后使用。豆类的口感独特，营养丰富。黄豆可以搭配蔬菜及肉类，适宜用咸鲜口味的酱料；红豆、绿豆则适宜搭配牛奶、水果，以及甜味的酱料，但是要注意不要煮得过烂。

非常重要！食材的清洗

对于生吃的蔬果，除了要洗掉肉眼可见的脏污，还要尽量洗去看不见的农药残留。无论针对哪一种农药，用流水反复冲洗都是最佳选择，因为流水既能溶解部分农药，又可以通过冲击力带走部分农药，而且避免了浸泡过久而导致的蔬果对农药的“再次吸收”。在冲洗的过程中，使用软布或刷子这些简单的小工具，比用手搓效果更好。

[认识几种酱料和调料]

即使选择最简单的食材，如果酱料搭配得恰当，吃起来也会“惊艳”哦！所以首先要了解一些酱料和调料的特点。

沙拉酱

用油、蛋黄、糖制作而成，可以直接当做蔬果类沙拉的酱料，也可以作为基础材料制成千岛酱、塔塔酱等。

橄榄油

营养价值高，并且具有独特的清香味道，能增加食材的风味，是最适合调配沙拉酱汁的油类，可加入醋调成“油醋酱”。

芝麻油

中式沙拉中不可缺少的调和油，香气浓郁，可赋予食材生动的味道，但不宜搭配五谷、肉类、水果等食材。

食醋

为沙拉增加酸味的必备调料，能中和肉类的油腻感。酿造食醋为大米酿造而成，除了酸味，还有一定的醇香味道。

红葡萄酒醋

由葡萄的浓缩果实在木桶中经过多年的发酵而成。其口感柔滑，酸中带甜，略有果香，适合搭配各种肉类和蔬菜。

酸奶

用酸奶代替沙拉酱是瘦身的好方法。酸奶具有独特的奶香味和酸甜味，因此也适合搭配橄榄油、柠檬汁、蒜蓉等。

芝麻酱

很受大众喜爱的酱料，一般需加水稀释，搭配酱油、辣椒等味道极佳，常用在有面食、豆制品等食材的罐沙拉中。

酱油

属于酿造类调味品，具有独特的酱香，能为食材增加咸味，并增强食材的鲜美度。拌食多选择生抽，其颜色淡，味道咸。

黄芥末酱

芥末酱具有强烈的刺激性气味和清爽的味觉感受，能引起食欲。黄芥末酱的口感偏柔和，大部分人都能接受，适宜搭配肉类、海鲜、鸡蛋等。黄芥末酱可以加入蜂蜜、沙拉酱调制成口感更为柔和的砂糖芥末酱，或加入油、葡萄酒调制成微酸的法式芥末酱。

辣椒酱

除了中式辣椒酱，还可选择带有蒜香和水果香的泰式甜辣酱，以及口感偏甜的韩式辣椒酱等。剁椒酱也是不错的选择。

柠檬汁

可为酱汁增加酸味，又不会像醋一样有发酵后留下的“酱”味。柠檬独特的香气能使食材的口感更清新，并可缓解油腻。

果酱

常用的有草莓酱、蓝莓酱、什锦果酱等，适宜搭配糕饼类面食，以及山药、红薯等根茎类蔬菜。

盐

制作罐沙拉最常用的调料之一，可为酱料增加咸味，又不会改变食材的颜色和水分含量。盐的用量可根据需要灵活控制。

番茄酱

番茄酱中除了番茄，还加入了糖、醋、盐以及其他香料来调和口感，因此深受人们喜爱，可与沙拉酱、蔬菜丁混合使用。

姜、蒜

中式口味的罐沙拉最常用的调味料，有去腥、提味的作用，兼能杀菌、防腐，尤其适合搭配肉类食材。

黑胡椒

为酱料“锦上添花”的调味料，可增加辛辣感，令酱料的口感层次更突出，又不会“夺味”，还能为肉类食材去腥、增鲜。黑胡椒一般有粉状和碎粒状两种，制作罐沙拉酱料选择碎粒状为佳。此外，现磨的黑胡椒粒味道更加浓郁，可依自己的需要选择。

[6个步骤，轻松搞定罐沙拉]

如果罐口较大，可用长柄的汤勺将酱料舀入罐内；如果罐口较小，可使用漏斗，尽量不要让酱料粘在罐壁上。

豆类、肉类、面食类皆可，只要是耐泡或者希望其充分吸收酱汁的食材，都可以放在最下层。

瓜类蔬菜，如黄瓜、苦瓜等，以及猕猴桃、西瓜、橘子、香蕉等水果，切成小丁后很容易冒出汁水，宜放在稍靠下的位置。

享用罐沙拉，快慢皆宜

出门在外开盖即食

罐沙拉的优点之一就是方便携带。只要多准备几副筷子或叉子，就可以邀请朋友们一起享用美味！食用前可以将罐子充分摇晃，或者倒置几分钟，让酱汁流到上层。

倒入盘中慢慢享用

如果在家食用，那么完全可以不紧不慢地找一个漂亮的盘子，然后将罐沙拉充分摇匀，倒入盘中，拿起刀叉慢慢享用。不用很费力地一边吃一边不停地拌匀酱汁哦！

罐沙拉所选用的食材大部分没有经过煎煮炒炸等处理，因此在放入玻璃罐之后，需要考虑其是否会“流水”或“腐烂”的问题。无论制作任何一种罐沙拉，都要遵循“湿食材放下层、干食材放上层”的原则，每一种食材要尽量擦干或晾干水分再装入。

第4步
装入面食等干燥、不耐泡的食材

饼干、糕点、面食、薏米等淀粉含量高，长时间浸泡会软烂的食材要往上面放。如果是煮熟的面食，要充分沥干水分再装入。

第5步
放上叶菜、浆果等容易压烂的食材

对于叶梗较长的叶菜类，可先将叶梗折断，铺在下面，再将菜叶放在上面。焯过水的叶菜需要充分沥干水分再放入。

第6步
封盖并存入冰箱

只要不将浆果类食材压烂或压出水，就完全不用担心食材会太“挤”。减少食材接触空气的机会，有利于延长保存时间。

让罐沙拉更美味的“小秘密”

秘密一：确保食材“最新鲜”

食材的新鲜度越高，做出来的罐沙拉越美味。买回来放了两天的生菜自然不如刚买来的生菜清甜脆嫩。

秘密二：先做酱料

做好的酱料放置片刻会更加美味，在放置的过程中各种调料的味道会很好地融合在一起。

秘密三：慢慢加调味料

每个人喜好的口味不可能完全相同，所以在调制酱料的时候，不妨慢慢加入每一种调料，边尝边增加用量。

秘密四：利用食材原本的味道

根据食材本身的味道调整酱料的用量，比如选用了坚果类食材，就可以在酱料里少加些油，以免吃起来太腻。

秘密五：备个小盒子装多余的酱料

罐沙拉的酱料只能放在最底层，如果制作的是半固体的酱料，就很难拌匀，所以装酱料时不妨只放2/3，把剩下的1/3单独装在一个小盒子里，边吃边加入。

Part 2

一罐沙拉，帮你更年轻、更美丽

多吃新鲜的水果、蔬菜是保持年轻、美丽的秘密，但是中餐的饮食习惯很难满足这一需要。罐沙拉至少可以选用6~7种新鲜蔬果，充分满足了年轻人对“吃”的新要求——不仅要吃得好，还要吃出美！在制作罐沙拉时，为了达到宛如一罐“彩虹”般的效果，我们会不自觉地选择多种颜色的食材，其实这正符合现代营养科学的新发现——食物的颜色越丰富，人体能获得的营养也越多。快来享受一罐美美的沙拉带给你的年轻、美丽吧！

缤纷鲜果沙拉

- ▶ **适合症状：** 缺乏维生素C
- ▶ **份量：** 2～3人份
- ▶ **保存时间：** 冷藏1～2天
- ▶ **食用餐具建议：** 勺子/叉子

材料

❶ 苹果……1/2个
❷ 西柚……1/2个
❸ 石榴……1个
❹ 梨……1/2个
❺ 胡萝卜……100克
❻ 火龙果……150克
❼ 香蕉……90克

做法

1. 胡萝卜、梨、苹果洗净，切成小丁块。
2. 香蕉剥皮，切成片；西柚剥皮，掰成瓣。
3. 火龙果去皮，切成小块。
4. 石榴剥开，取出籽粒。

怎样防止苹果变黑

切好的苹果在空气中很容易氧化变黑，切好后放进加有白醋的清水中浸泡，可防止其氧化变黑。同时，尽可能地把苹果皮洗净，切时不去皮，也能防止氧化。

营养成分：

维生素C、维生素A、维生素E、维生素P、胡萝卜素、膳食纤维、钙、铁、镁、钾等。

Tips

切好的梨为了避免氧化变黑，可以放入加有白醋的水中浸泡。

草莓千岛酱

❶ 沙拉酱2大勺
❷ 水煮蛋1/2个
❸ 草莓果酱1/2大勺
❹ 番茄酱1大勺

1. 将水煮蛋剁碎。
2. 取一小碗，放入沙拉酱、番茄酱、草莓果酱，拌匀。
3. 将剁碎的水煮蛋倒入拌好的酱中，搅匀即可。

这道沙拉所选的食材均为富含维生素C的新鲜蔬果，维生素C又叫『抗坏血酸』，具有极佳的抗氧化作用，可以帮助人体细胞抵御自由基的伤害，从而有效防止细胞老化。此外，维生素C还参与胶原蛋白的合成，有助于增强皮肤的保水能力。

扫一扫
看制作视频

罐沙拉就该这样装

装罐时，一定要把食材一层一层整齐地压实铺上，这样做出来的罐沙拉才更“秀色可餐”哦！

草莓千岛酱→胡萝卜→苹果→梨→西柚→香蕉→火龙果→石榴

红心萝卜蔬菜沙拉

- **适合症状：** 缺乏维生素C
- **份量：** 3~5人份
- **保存时间：** 冷藏2~4天
- **食用餐具建议：** 筷子/叉子/勺子

材料

❶ 香菜……15克
❷ 生菜……80克
❸ 红心萝卜……270克
❹ 红灯笼椒……110克
❺ 绿灯笼椒……110克
❻ 黄瓜……100克

做法

1. 红、绿灯笼椒洗净切丝；黄瓜洗净切成小块。
2. 香菜洗净，切去根部，再切成3段。
3. 生菜洗净，用手撕成小片；红心萝卜洗净去皮，切成片。

生菜手撕味更好

生菜质地脆嫩，用手撕出来的生菜比用刀切的味道更好。一来手撕可以使生菜不沾染刀上的异味；二来手撕不会像刀切那样破坏生菜的细胞结构，口感更脆爽。

营养成分：

维生素C、维生素A、维生素B_6、维生素E、维生素B_1、叶酸、膳食纤维等。

Tips

如果喜欢偏甜的口味，可以在酱料中加少许白糖。

薄荷油醋酱

❶ 橄榄油2大勺
❷ 醋1大勺
❸ 盐2克
❹ 薄荷叶3克

1. 薄荷叶洗净切碎。
2. 取一小碗，倒入橄榄油、醋，拌匀。
3. 加入盐、薄荷叶，拌匀即可。

红心萝卜又叫『心里美』萝卜，它含有大量的维生素C，口感脆爽，适合生吃，不经过加热处理更能避免维生素C的损失，因此是补充维生素C的优质食材。此外，红心萝卜还富含花青素和铁，能增强血管弹性，让皮肤更光滑。

扫一扫
看制作视频

罐沙拉就该这样装

薄荷油醋酱→红心萝卜→绿灯笼椒→红灯笼椒→黄瓜→生菜→香菜

五彩果球沙拉

- 适合症状：皮肤暗黄粗糙
- 份量：1～2人份
- 保存时间：冷藏1～2天
- 食用餐具建议：勺子/叉子

材料

❶ 火龙果……220克
❷ 木瓜……360克
❸ 猕猴桃……2个
❹ 哈密瓜……420克
❺ 西瓜……530克

营养成分：

葡萄糖、果糖、膳食纤维、瓜氨酸、胡萝卜素、木瓜蛋白酶、维生素A、维生素C、钙、磷等。

Tips

如果能买到糖桂花，加入酱料中口感更佳。

做法

1. 将木瓜、西瓜、哈密瓜用挖球器挖成一个个球状。
2. 猕猴桃洗净去皮，挖成球状；火龙果剥皮，挖成球。

杏仁酸奶沙拉酱

❶ 沙拉酱1大勺
❷ 杏仁碎15克
❸ 酸奶3大勺

1. 将酸奶倒入碗中，加入沙拉酱，搅拌均匀。
2. 倒入杏仁碎，继续搅拌均匀即可。

挖出大小不同的球

选择不同型号的挖球器，可将水果挖成大小不同的球。大小不一的球塞进罐子里，才会更紧密。另外，还要根据罐子大小和取食方便度决定所挖球形的大小。

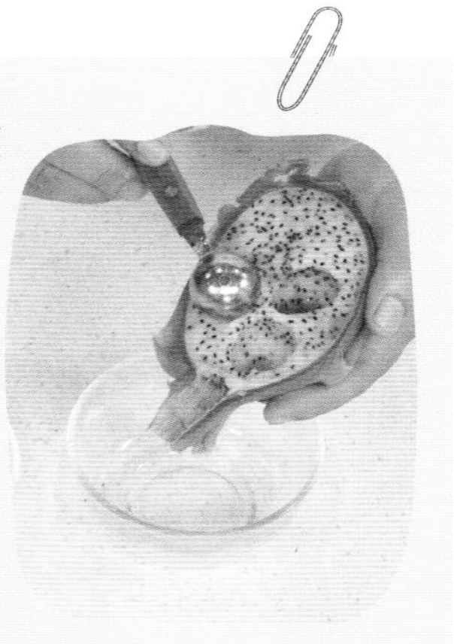

西瓜是夏季解暑的首选食材，也是美白祛斑的美容食材，多食用新鲜的西瓜可增加皮肤弹性，减少皱纹，增加光泽，并有助于淡斑。木瓜同样是大名鼎鼎的『祛斑美白』水果，它不仅富含17种氨基酸，而且维生素C的含量是苹果的48倍。

 罐沙拉就该这样装

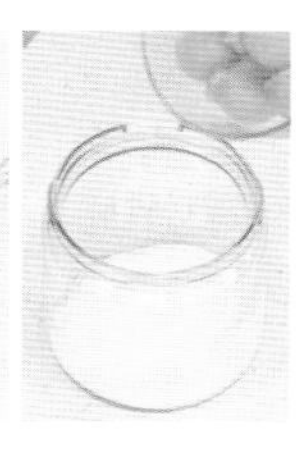

杏仁酸奶沙拉酱→哈密瓜→火龙果→西瓜→木瓜→猕猴桃

综合水果柠檬水沙拉

▶ **适合症状：**皮肤暗黄粗糙
▶ **份量：**1~2人份
▶ **保存时间：**冷藏1~2天
▶ **食用餐具建议：**吸管/勺子/叉子

材料

❶ 草莓……2个
❷ 圣女果……3颗
❸ 红提子……5颗
❹ 蓝莓……15克
❺ 西柚……1/4个
❻ 橙子……1/2个
❼ 柠檬……1/2个
❽ 葡萄……3颗

做法

1. 柠檬、橙子各切取3片。
2. 西柚洗净去皮，切成小块。
3. 圣女果洗净，对半切开；草莓洗净，切去蒂部，备用。
4. 红提子、蓝莓、葡萄洗净沥干后备用。

柠檬片提前冷冻

可以提前将切好的柠檬片用蜂蜜腌渍上，放进冰箱冷藏2小时，再拿出来使用，口感更佳。另外，将柠檬的皮去掉，只用果肉，柠檬的苦涩味会降低。

营养成分：

碳水化合物、膳食纤维、番茄红素、叶酸、维生素C、维生素E、花青素、钾、铁、硒等。

Tips

可将做好的柠檬水沙拉放入冰箱冷藏，是夏日消暑的佳品。

蜂蜜水

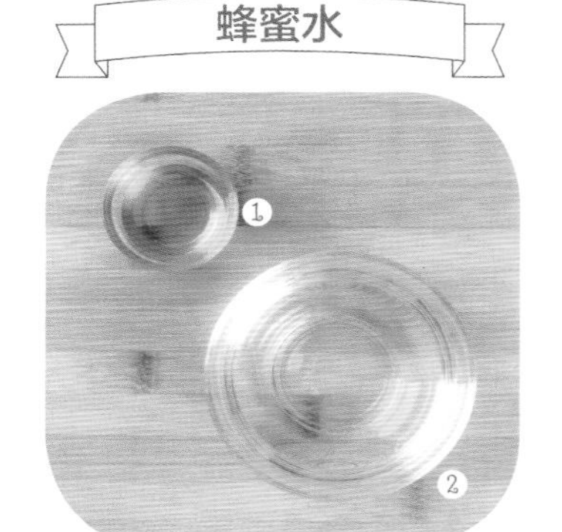

❶ 蜂蜜15克
❷ 凉开水200毫升

1. 取一小碗，倒入蜂蜜。
2. 加入凉开水，调匀即可。

柠檬水味道酸甜，惹人喜爱，经常饮用更能防止色素在皮肤内沉着，软化皮肤角质层，活化皮肤表皮细胞，使皮肤白皙、富有光泽。加上富含维生素C的草莓、富含花青素的蓝莓、有助于排毒的西柚，令口感和美容效果都加倍！

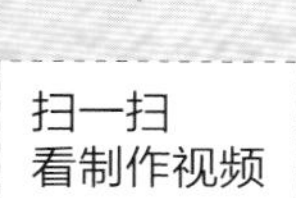

扫一扫
看制作视频

罐沙拉就该这样装

红提子→橙子→西柚→葡萄→草莓→圣女果→柠檬→蓝莓→蜂蜜水

牛蒡藕丁沙拉

材料

❶ 莲藕……200克
❷ 豆腐皮……70克
❸ 牛蒡……130克
❹ 巴旦木仁……30克
❺ 胡萝卜……100克

做法

1. 牛蒡、藕削皮，洗净切丝；胡萝卜、豆腐皮洗净切丝。
2. 锅中注水煮沸，将牛蒡丝、胡萝卜丝、莲藕丝、豆腐皮丝分别焯水，捞出沥干，晾凉。
3. 取巴旦木仁30克备用。

牛蒡切丝有嚼劲

将牛蒡切成丝，吃起来会更有嚼劲。切成丝之后的牛蒡容易在空气中氧化变黑，因此切好后应立即放入加了白醋的水中浸泡，这样可使牛蒡的色泽保持洁白。

- **适合症状：** 体形肥胖
- **份量：** 2～3人份
- **保存时间：** 冷藏3～5天
- **食用餐具建议：** 筷子/叉子

营养成分：

蛋白质、碳水化合物、膳食纤维、B族维生素、维生素C、胡萝卜素、钙、镁、铁等。

Tips

焯煮藕片的水不要倒掉，可以加些蜂蜜制成滋阴养颜的饮品。

油醋酱做法

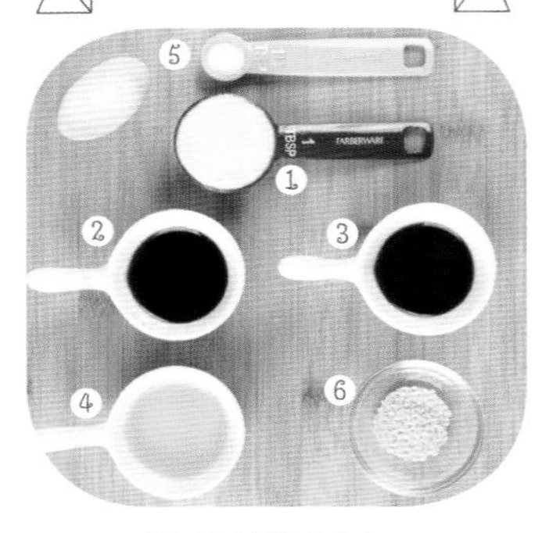

❶ 沙拉酱1大勺
❷ 酱油1大勺
❸ 醋1/2大勺
❹ 橄榄油1大勺
❺ 盐1克
❻ 炒香的白芝麻2克

1. 取一小碗，放入沙拉酱、酱油、醋、橄榄油，拌匀。
2. 放入盐，撒入白芝麻，搅拌均匀即可。

牛蒡、莲藕、胡萝卜都富含膳食纤维，食用后可增强肠胃蠕动，帮助毒素排出体外，从而达到瘦身美容的效果。同时，这道沙拉中的豆腐皮可以补充优质植物蛋白，巴旦木仁可以提供丰富的不饱和脂肪酸，让您轻轻松松实现瘦身与营养的双重功效！

罐沙拉就该这样装

油醋酱汁→豆腐皮 →牛蒡→胡萝卜 →莲藕→巴旦木仁

香蕉燕麦片沙拉

▶ **适合症状：** 体形肥胖

▶ **份量：** 3～4人份

▶ **保存时间：** 冷藏1～2天

▶ **食用餐具建议：** 勺子/叉子

材料

❶ 苹果……1/2个

❷ 香蕉……70克

❸ 猕猴桃……1个

❹ 橙子……1/2个

❺ 核桃……20克

❻ 燕麦片……20克

做法

1. 香蕉切段；橙子、苹果、猕猴桃洗净切小块。
2. 核桃掰成小一点的块。
3. 将平底锅烧热，滴入数滴橄榄油，倒入燕麦，炒香，盛出。

燕麦片炒炒更美味

将燕麦片轻轻炒一炒，吃起来非常香脆。只需要在炒燕麦前，在锅中滴入几滴橄榄油，再倒入燕麦炒制，不仅可以让炒出来的燕麦更香，还能防止糊锅。

营养成分：

蛋白质、碳水化合物、膳食纤维、不饱和脂肪酸、维生素A、维生素C、胡萝卜素、钾、镁等。

Tips

如果担心吃炒燕麦上火，也可以将燕麦片泡软后使用。

蜂蜜酸奶蓝莓酱

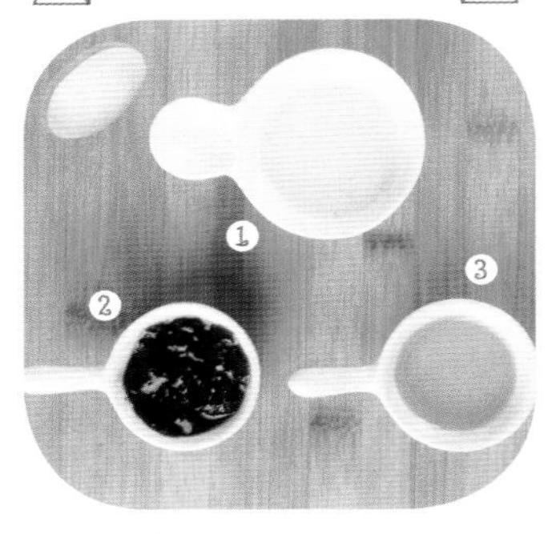

❶ 酸奶3大勺

❷ 蓝莓酱1.5大勺

❸ 蜂蜜1大勺

1. 取一小碗，放入蓝莓酱、酸奶、蜂蜜。
2. 搅拌均匀即可。

香蕉含有的泛酸等成分是人体的『开心激素』，能减轻心理压力，解除忧郁。用香蕉和燕麦片搭配做成的沙拉，吃了不仅能让人开心，还对人体非常有益处，可以美容养颜、排毒瘦身。

扫一扫
看制作视频

罐沙拉就该这样装

蜂蜜酸奶蓝莓酱
→苹果→猕猴桃
→橙子→燕麦片
→香蕉→核桃

麻酱凉面沙拉

材料

❶ 凉面……80克
❷ 香菇……40克
❸ 生菜……30克
❹ 黄瓜……50克
❺ 胡萝卜……40克

做法

1. 黄瓜、胡萝卜洗净切细丝。
2. 鲜香菇洗净去蒂，切成粗丝，焯水，沥干后晾凉备用；生菜洗净，用手撕成小片。
3. 锅中注水烧开，下入面条煮熟，捞出，过凉水，沥干。

自制凉面更劲道

自己做凉面，最担心的就是煮出来的面条没有劲道。其实让面条变劲道的方法很简单，就是将煮好的面条过一遍凉水，冰水更佳，这样面条吃起来更加有弹性。

- **适合症状：**体内有毒素
- **份量：**1～2人份
- **保存时间：**冷藏2～4天
- **食用餐具建议：**筷子/叉子

营养成分：

碳水化合物、蛋白质、卵磷脂、膳食纤维、胡萝卜素、B族维生素、维生素C、铁等。

Tips

芝麻酱如果太浓稠，可以先用温水调稀一点再用。

芝麻醋凉面酱

❶ 芝麻酱1大勺
❷ 醋15毫升
❸ 酱油20毫升
❹ 白糖5克
❺ 盐3克

1. 取一小碗，放入芝麻酱、醋、酱油，搅拌均匀。
2. 撒入白糖、盐，搅拌至溶化即可。

香菇味道鲜美，香气沁人，香菇提取物对体内的过氧化氢有一定的消除作用，与黄瓜、胡萝卜等蔬菜搭配做成麻酱凉面沙拉，不仅美味可口，还能越吃越年轻哦！

扫一扫
看制作视频

罐沙拉就该这样装

芝麻醋凉面酱→凉面→ 香菇→胡萝卜→ 黄瓜→生菜

核桃黑木耳沙拉

- 适合症状：体内有毒素
- 份量：2~3人份
- 保存时间：冷藏3~5天
- 食用餐具建议：勺子/筷子/叉子

材料

❶ 黑木耳……40克
❷ 生菜……30克
❸ 葡萄干……30克
❹ 核桃……20克
❺ 芦笋……50克

做法

1. 将芦笋洗净，掰成小段；生菜洗净，撕成片。
2. 核桃用手掰成小一点的块。
3. 锅中注水煮沸，将黑木耳、芦笋分别焯煮至断生，捞出沥干，晾凉。

手掰芦笋去老皮

芦笋外面有一层硬皮，用刀切很难找准芦笋比较柴的根部。其实只要两只手捏住芦笋的底部轻轻一掰，芦笋就会在老嫩之间最准确的部位自动断裂。

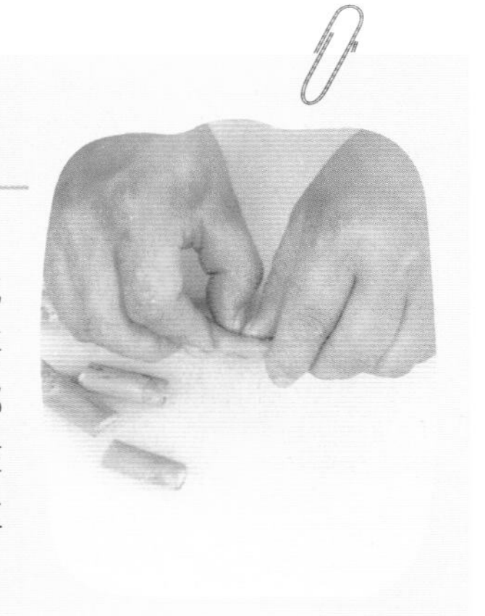

营养成分：

不饱和脂肪酸、维生素E、B族维生素、膳食纤维、胶质、卵磷脂、胡萝卜素、钙、铁、磷等。

Tips

黑木耳吸水性较强，如果木耳放得多，可以多做些酱汁。

橄榄油乌醋酱

❶ 蜂蜜1/2大勺
❷ 盐3克
❸ 黑胡椒2克
❹ 柠檬汁1大勺
❺ 乌醋1大勺
❻ 橄榄油2大勺

1. 取一小碗，倒入乌醋、柠檬汁、橄榄油、蜂蜜，拌匀。
2. 加入黑胡椒、盐，搅拌均匀即可。

核桃营养价值丰富，有『万岁子』、『长寿果』、『养生之宝』的美誉，能有效改善记忆力、延缓衰老并润泽肌肤；黑木耳具有一定吸附能力，有清涤胃肠和消化纤维素的作用。常食核桃黑木耳沙拉，有助于排毒轻身，保持年轻态。

扫一扫
看制作视频

罐沙拉就该这样装

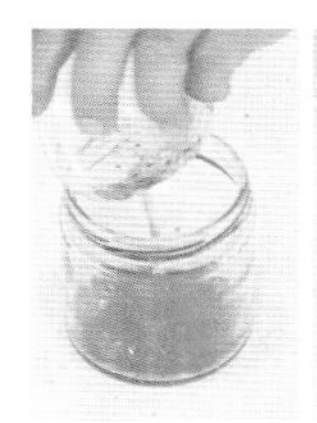

橄榄油乌醋酱→黑木耳→芦笋→核桃→葡萄干→生菜

金枪鱼土豆沙拉

- 适合症状：气色不佳
- 份量：1～2人份
- 保存时间：冷藏2～3天
- 食用餐具建议：勺子/叉子

材料

❶ 圣女果……70克
❷ 土豆……1个
❸ 生菜……50克
❹ 鸡蛋……1个
❺ 金枪鱼（罐头）130克

做法

1. 土豆去皮，切成小丁，下入沸水锅焯煮至断生，捞出沥干，晾凉。
2. 生菜撕成小片；金枪鱼沥去水分，撕成小块。
3. 鸡蛋煮熟剥壳，对半切开；圣女果对半切开。

切出好看的鸡蛋

要将煮熟的鸡蛋切得好看实在是难倒了很多人。秘诀有两个：第一是将刀加热到至少60℃，用开水冲烫一下即可；第二是切的时候速度要快。

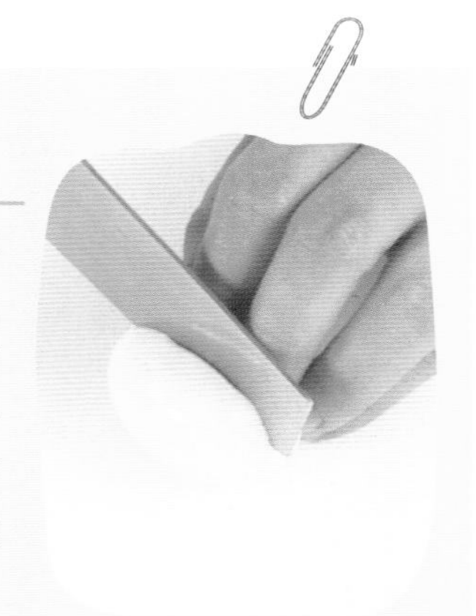

营养成分：

碳水化合物、氨基酸、不饱和脂肪酸、B族维生素、维生素C、胡萝卜素、铁、钾、钙、碘等。

Tips

土豆也可以蒸熟后压成泥，和金枪鱼肉拌在一起。

黄芥末沙拉酱

❶ 黄芥末酱1/2大勺
❷ 柠檬汁1大勺
❸ 沙拉酱2大勺
❹ 金枪鱼罐头汁2.5大勺

1. 取一小碗，倒入沙拉酱、黄芥末酱、金枪鱼罐头汁，搅拌均匀。
2. 往碗中倒入备好的柠檬汁，调匀即可。

金枪鱼肉低脂肪、低热量，还有优质的蛋白质和其他营养素，食用金枪鱼土豆沙拉，不但可以保持苗条的身材，而且可以平衡身体所需要的营养，是现代女性轻松减肥的理想选择。

扫一扫
看制作视频

罐沙拉就该这样装

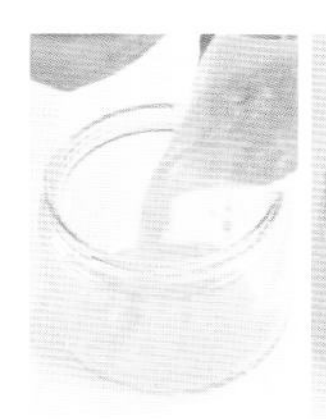

黄芥末沙拉酱→土豆→金枪鱼→圣女果→鸡蛋→生菜

菠菜培根蒜盐沙拉

材料

❶ 洋葱……80克
❷ 圣女果……40克
❸ 培根……60克
❹ 金针菇……50克
❺ 菠菜……100克

做法

1. 金针菇、菠菜洗净，切去根部，再切成段。
2. 洋葱切成丝；圣女果对半切开；培根切成片。
3. 将金针菇、菠菜放入沸水锅煮至断生，捞出。
4. 培根放入平底锅，煎至微焦后捞出，晾凉。

菠菜焯水去除草酸

菠菜中含有较多的草酸，过多摄入草酸容易影响人体对其他营养物质的吸收。将菠菜放入沸水中焯煮1分钟，便能够有效去除草酸。

- **适合症状：** 气色不佳
- **份量：** 1~2人份
- **保存时间：** 冷藏3~5天
- **食用餐具建议：** 筷子/叉子

营养成分：

维生素A、维生素E、蛋白质、脂肪、胡萝卜素、膳食纤维、钙、铁、硒等。

Tips

做好的酱料可以放置1小时再用，让蒜味充分融入酱汁。

蒜盐椒油酱

❶ 盐3克
❷ 橄榄油2大勺
❸ 黑胡椒2克
❹ 蒜末5克

1. 取一小碗，放入橄榄油、盐、蒜末，搅拌均匀。
2. 撒上黑胡椒，稍微搅拌即可。

菠菜提取物具有促进培养细胞增殖的作用，既抗衰老又增强青春活力。经常食用菠菜，可减少皱纹及色斑，保持皮肤光洁。用菠菜和培根搭配做成咸味沙拉，不但能美容养颜，而且味道也是超赞的呢！

扫一扫
看制作视频

罐沙拉就该这样装

蒜盐椒油酱→培根→洋葱→金针菇→菠菜→圣女果

鸡胸肉牛油果彩蔬沙拉

- 适合症状：有皱纹
- 份量：3～4人份
- 保存时间：冷藏3～5天
- 食用餐具建议：叉子/勺子

材料

❶ 红腰豆（罐头）90克
❷ 甜玉米粒（罐头）70克
❸ 鸡胸肉……200克
❹ 圣女果……70克
❺ 紫甘蓝……150克
❻ 牛油果……1个
❼ 生菜……70克

做法

1. 鸡胸肉下入沸水锅中汆烫至熟，捞出，晾凉后用手撕成条。
2. 牛油果洗净，去核、皮，切成小块；紫甘蓝洗净，切成丝。
3. 圣女果洗净，对半切开；生菜洗净，撕成片。
4. 取红腰豆90克，甜玉米粒70克备用。

鲜柠檬汁味更佳

调酱料用的柠檬汁，可以选用市售的浓缩柠檬汁，但是用新鲜的柠檬挤出的汁搭配鸡胸肉和牛油果，口味更佳，还可根据个人口味调整柠檬汁的量。

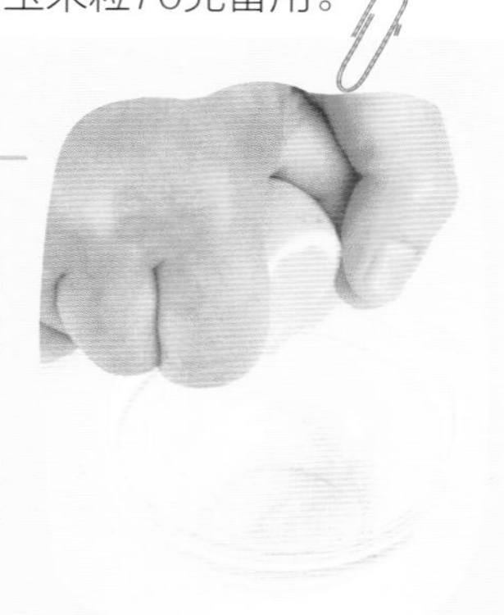

营养成分：

蛋白质、不饱和脂肪酸、碳水化合物、维生素A、维生素C、维生素E、铁、钾等。

Tips

牛油果最好选择已全熟的，吃起来口感较好。

迷迭香柠檬汁

❶ 盐3克
❷ 黑胡椒3克
❸ 迷迭香适量
❹ 橄榄油2大勺
❺ 蜂蜜1大勺
❻ 柠檬1/2个

1. 取一小碗，挤入柠檬汁，加入橄榄油、蜂蜜，调匀。
2. 撒上盐、黑胡椒、迷迭香，搅拌均匀即可。

牛油果脂肪含量很高，含有大量的酶，有健胃清肠的作用；鸡胸肉蛋白质含量较高，且易被人体吸收利用，常食有温中益气、补虚填精、健脾胃、活血脉、强筋骨的功效。

扫一扫
看制作视频

罐沙拉就该这样装

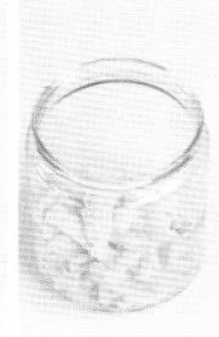

迷迭香柠檬汁→鸡胸肉→红腰豆→牛油果→紫甘蓝→甜玉米粒→圣女果→生菜

土豆鸡蛋沙拉

- **适合症状：**脸上有皱纹
- **份量：**2~3人份
- **保存时间：**冷藏1~2天
- **食用餐具建议：**叉子/勺子

材料

❶ 鸡蛋……1个
❷ 西蓝花……90克
❸ 火腿……100克
❹ 土豆……1个
❺ 胡萝卜……80克
❻ 黄瓜……50克

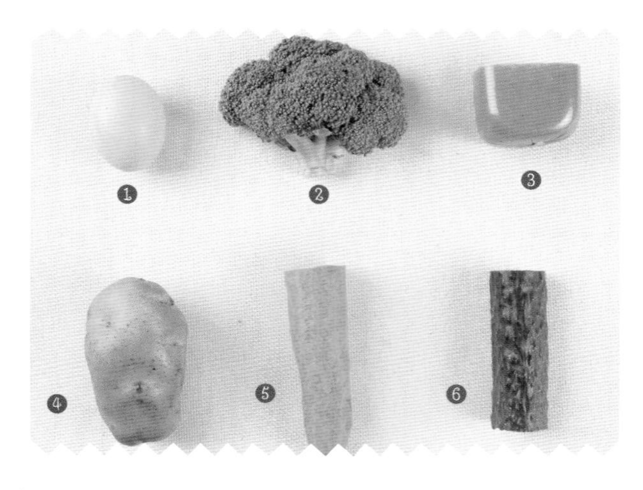

做法

1 土豆去皮切丁；胡萝卜切片；黄瓜切条；火腿切丁；鸡蛋煮熟，剥壳切开；西蓝花切小朵。

2 将土豆、西蓝花分别焯煮至断生，捞出。

3 火腿丁放入平底锅，煎至微焦，盛出晾凉。

土豆捣成泥更美味

如果喜欢吃香糯软烂的土豆，可挑选淀粉含量较多的，将其蒸到熟烂，然后捣成泥状再食用。土豆泥搭配牛奶蛋黄酱口感会更好，也更易消化和吸收。

营养成分：

蛋白质、碳水化合物、卵磷脂、膳食纤维、维生素E、叶酸、胡萝卜素、钙、磷、镁等。

Tips

火腿也可以用黄油来煎，味道会更香浓。

牛奶蛋黄酱

❶ 橄榄油2大勺
❷ 蛋黄酱2大勺
❸ 黑胡椒2克
❹ 牛奶50毫升

1 取一个小碗，放入橄榄油、蛋黄酱、牛奶，搅拌均匀。

2 加入黑胡椒，稍微搅拌即可。

土豆中含有丰富的B族维生素，B族维生素是天然的抗衰老营养素，所以常吃土豆可保持年轻态。另外，土豆中含有丰富的膳食纤维，对促进肠胃蠕动、预防便秘等均有着很好的保健功效。

扫一扫
看制作视频

罐沙拉就该这样装

   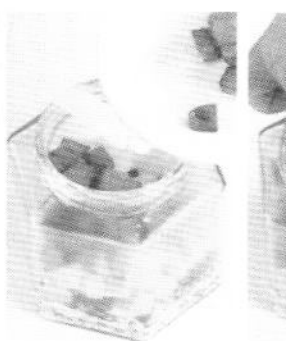 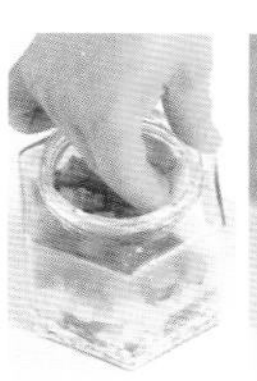  

牛奶蛋黄酱→西蓝花→土豆→火腿→鸡蛋→胡萝卜→黄瓜

海带丝玉米青豆沙拉

- **适合症状：**爱长痘痘
- **份量：**3～4人份
- **保存时间：**冷藏3～5天
- **食用餐具建议：**叉子/勺子

材料

❶ 紫甘蓝……100克
❷ 胡萝卜……80克
❸ 卷心菜……70克
❹ 青豆……40克
❺ 海带丝……50克
❻ 玉米……70克

做法

1 卷心菜、紫甘蓝、胡萝卜洗净，切丝。

2 海带丝切成适宜长度的段。

3 锅中注水煮沸，将海带丝、卷心菜、青豆、胡萝卜丝、玉米分别焯煮至断生，捞出沥干，晾凉。

海带丝过凉水

一般来说，海带丝经焯煮熟后吃起来会“软绵绵”的，那如何让其“脆爽”起来呢？只要将焯好的海带丝马上过一遍凉水或冰水，吃起来就会比较有韧性了。

营养成分：

膳食纤维、B族维生素、维生素E、胡萝卜素、花青素、碘、铁、锌、硒等。

Tips

可以在酱料中加入少许白糖，更能突出食材的鲜味。

中式沙拉酱

❶ 酱油15毫升
❷ 醋15毫升
❸ 蒜末5克
❹ 盐2克
❺ 香油10毫升

1 取一小碗，倒入酱油、醋、香油，充分拌匀。

2 加入盐、蒜末，拌匀即可。

海带含有较多的维生素E，有助于女性美容，使皮肤细腻光滑；玉米富含维生素C、异麦芽低聚糖等，有长寿、美容作用。常食这道沙拉，让你更美丽自信。

扫一扫
看制作视频

罐沙拉就该这样装

中式沙拉酱→海带丝→胡萝卜→卷心菜→紫甘蓝→玉米→青豆

西柚菠萝甜橙沙拉

▶ **适合症状：** 爱长痘痘
▶ **份量：** 2~3人份
▶ **保存时间：** 冷藏1~2天
▶ **食用餐具建议：** 叉子/勺子

材料

❶ 菠萝……100克
❷ 橙子……1个
❸ 紫葡萄……160克
❹ 西柚……1/2个
❺ 圣女果……60克
❻ 猕猴桃……2个

做法

1. 圣女果洗净，对半切开；菠萝去皮，洗净，切成小块。
2. 西柚、橙子洗净去皮，取出果肉，掰成瓣。
3. 猕猴桃洗净去皮，切成片。
4. 紫葡萄洗净沥干备用。

用蜂蜜更香滑

这道沙拉选用的水果大多偏酸味，因此加入了白糖调和口感。如果用蜂蜜来代替白糖，味道会更加自然香滑，营养价值也更高。

营养成分：

膳食纤维、维生素A、B族维生素、维生素C、花青素、胡萝卜素、有机酸等。

Tips

葡萄最好从梗的根部剪掉，防止破皮，延长保鲜时间。

苹果柠檬沙拉酱

❶ 柠檬50克
❷ 白芝麻2克
❸ 白糖10克
❹ 苹果100克

1. 将苹果、柠檬切成小块，用搅拌机打碎。
2. 取一小碗，倒入苹果柠檬汁，加入白糖、白芝麻，拌匀即可。

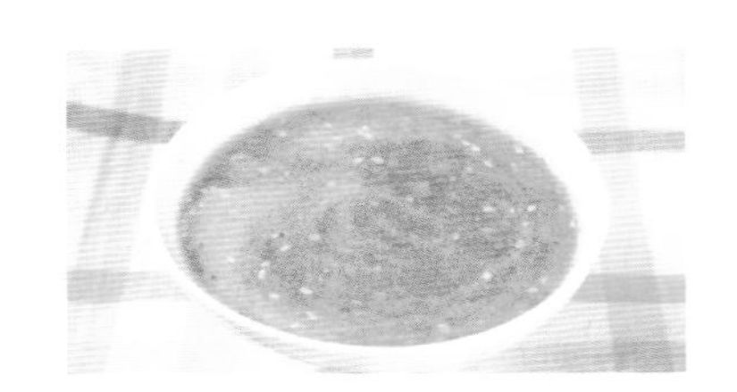

西柚所含的天然维生素P，能强化皮肤的细化毛孔功能，可加速复原受伤的皮肤组织，女性常吃西柚最符合『自然美』的原则；另外，沙拉中加入猕猴桃、甜橙等富含维生素C的水果，大大增强了美白功效。

罐沙拉就该这样装

苹果柠檬沙拉酱→猕猴桃→菠萝→西柚→葡萄→圣女果→橙子

玉米笋西蓝花沙拉

材料

❶ 西蓝花……130克
❷ 菜花……120克
❸ 玉米笋……55克
❹ 杏鲍菇……150克
❺ 荷兰豆……65克
❻ 青豆……90克

做法

1. 杏鲍菇切滚刀块；菜花、西蓝花切成小朵。
2. 玉米笋对半切开，再切成两段。
3. 锅中注水煮沸，将杏鲍菇、青豆、荷兰豆分别焯煮至断生，捞出沥干，晾凉。

焯煮豆类加油盐

在焯煮青豆、荷兰豆等绿色的豆类时，可先在沸水中加入少许盐、食用油，再下入食材焯煮，这样煮出来的食材不仅色泽更翠绿，口感也更清脆。

▶ **适合症状：** 内分泌失调
▶ **份量：** 2～3人份
▶ **保存时间：** 冷藏3～5天
▶ **食用餐具建议：** 勺子/叉子

营养成分：
碳水化合物、氨基酸、膳食纤维、胡萝卜素、维生素A、钙、镁、铜、锌等。

Tips
杏鲍菇焯水之后会变“少”，如果喜欢吃可以多准备一些。

猕猴桃沙拉酱

❶ 蜂蜜1.5大勺
❷ 醋1大勺
❸ 洋葱35克
❹ 猕猴桃55克
❺ 盐2克

1. 将洋葱、猕猴桃切好后用搅拌机打碎，倒入碗中。
2. 加入醋、蜂蜜、盐，搅拌均匀即可。

玉米笋含有丰富的维生素、蛋白质、矿物质，具有独特的清香，口感甜脆、鲜嫩可口；西蓝花含有丰富的维生素A、维生素C和胡萝卜素。常食这道沙拉能增强皮肤的抗损伤能力，有助于保持皮肤弹性。

扫一扫
看制作视频

罐沙拉就该这样装

猕猴桃沙拉酱→杏鲍菇→西蓝花→玉米笋→荷兰豆→菜花→青豆

秋葵龙须菜沙拉

- 适合症状：内分泌失调
- 份量：1～2人份
- 保存时间：冷藏2～4天
- 食用餐具建议：叉子/筷子/勺子

 材料

❶ 梨……1个
❷ 苹果……1个
❸ 秋葵……70克
❹ 腌酸黄瓜……60克
❺ 龙须菜……40克
❻ 西蓝花……90克

营养成分：

膳食纤维、硫胺素、胡萝卜素、维生素A、维生素C、有机酸、果胶、钙、磷、铁、镁等。

Tips

龙须菜的嘌呤含量稍高，痛风患者应慎食。

做法

1. 秋葵斜刀切成片；腌酸黄瓜对半切开。
2. 龙须菜切成两段；西蓝花切小朵。
3. 锅中注水煮沸，将秋葵、龙须菜、西蓝花分别焯煮至断生，捞出沥干，晾凉。
4. 梨、苹果切块备用。

白芝麻巧点缀

这道沙拉以青菜为主，加入白芝麻可以明显地提升口感。白芝麻可以加进调料里，也可以作为装罐后的最后一道步骤，直接撒在龙须菜上面，搭配青菜一起吃。

蒜泥芝麻酱

❶ 酱油1大勺
❷ 香油1小勺
❸ 白芝麻3克
❹ 芝麻酱1小勺
❺ 白糖4克
❻ 沙拉酱1.5大勺
❼ 蒜泥5克

1. 取一小碗，放入沙拉酱、芝麻酱、酱油、蒜泥、香油。
2. 倒入白糖，放入白芝麻，拌匀即可。

龙须菜因不含脂肪，故有山珍『瘦物』之美称。高血压患者常食龙须菜有助于降低血压。秋葵含有丰富的维生素和矿物质，很适合想要减肥瘦身的女士。秋葵中富含的维生素C和膳食纤维还能使皮肤嫩白。

扫一扫
看制作视频

罐沙拉就该这样装

蒜泥芝麻酱→梨→西蓝花→苹果→腌酸黄瓜→秋葵→龙须菜

Part 3

一罐沙拉，让你压力少、体质强

作为忙碌的上班族，工作忙、时间少是常态，每天的饮食也难免越来越将就，久而久之，体质就会渐渐变差。罐沙拉仿佛就是为解决白领的烦恼而生的。首先，制作一罐沙拉毫不费力；其次，密封的圆罐子不占空间，很适合作为“便当”携带；最后，长期食用低糖、低盐、低油、品种丰富的食材有助于调理身体、缓解压力，令人精力充沛。当然，精心挑选具有食疗效果的食材也很重要，让罐沙拉帮你清理身体上的小烦恼吧！

开心果香蕉沙拉

- **适合症状：**失眠
- **份量：**1～2人份
- **保存时间：**冷藏1～2天
- **食用餐具建议：**勺子/叉子

材料

❶ 生菜……40克
❷ 西柚……1/2个
❸ 香蕉……1根
❹ 圣女果……70克
❺ 开心果……80克
❻ 蓝莓……60克
❼ 甜麦圈……20克

做法

1. 西柚洗净去皮，切成小块；圣女果对半切开。
2. 香蕉剥皮，切成片；生菜洗净，撕成小片。
3. 开心果去壳，甜麦圈取20克。
4. 蓝莓洗净沥干备用。

西柚剥皮更好吃

西柚是一种排毒减肥效果极佳的水果，常吃有助于消除腿部水肿，但西柚的味道略苦，令很多人“望而却步”。其实，将白色的果皮剥去，苦味会大大降低。

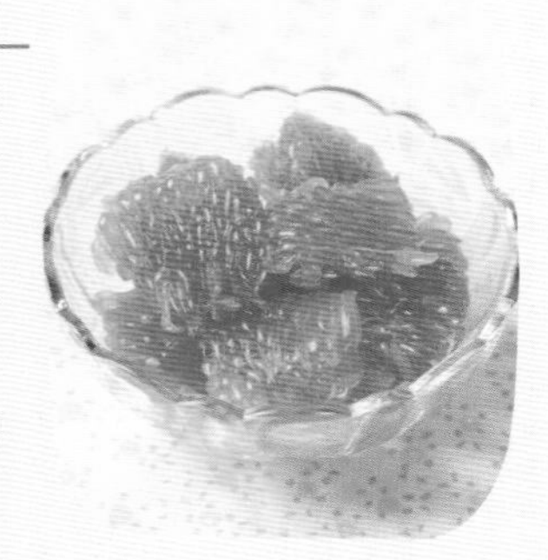

营养成分：

不饱和脂肪酸、膳食纤维、碳水化合物、B族维生素、维生素C、维生素E、花青素等。

Tips

如果没有甜麦圈，可以用燕麦片代替。

简易沙拉酱

❶ 酸奶3大勺
❷ 沙拉酱1大勺

1 取一小碗，放入沙拉酱、酸奶。
2 充分拌匀即可。

开心果富含维生素、矿物质和抗氧化元素，具有低脂肪、低热量、高纤维的显著特点，是健康的明智选择；香蕉富含钾和镁，钾能防止血压上升肌肉痉挛，镁则具有缓解疲劳的效果。享受完这道沙拉，在改善情绪的同时还可以获得美美的睡眠。

罐沙拉就该这样装

简易沙拉酱→甜麦圈→西柚→香蕉→开心果→圣女果→蓝莓→生菜

黑椒三文鱼芦笋沙拉

材料

❶ 胡萝卜……90克
❷ 圣女果……90克
❸ 熟鸡蛋……1个
❹ 芦笋……100克
❺ 三文鱼……240克
❻ 菠萝……180克

做法

1 平底锅中放入橄榄油，加热，放入三文鱼，煎至两面金黄，撒上黑胡椒。

2 菠萝洗净切小块；胡萝卜洗净切片；圣女果对半切开；芦笋切段；熟鸡蛋剥壳，对半切开。

煎三文鱼的火候

煎三文鱼时，煎到顶部还有一些生肉的颜色的时候，迅速翻面，几秒以后起锅。这样做可以使鱼肉内部尽可能保留鱼肉的汁水，吃起来外焦里嫩。

▶ **适合症状：** 失眠
▶ **份量：** 1～2人份
▶ **保存时间：** 冷藏2～3天
▶ **食用餐具建议：** 筷子/叉子

营养成分：

蛋白质、卵磷脂、维生素D、维生素C、B族维生素、胡萝卜素、膳食纤维、钙等。

Tips

三文鱼不要煎得太老，以免口感不佳。

芒香芥奶酱

❶芒果50克
❷柠檬汁1小勺
❸酸奶3大勺
❹香葱末3克
❺盐3克
❻黑胡椒4克
❼青芥末酱少量

1 芒果取肉切成小丁，加入酸奶、柠檬汁、青芥末酱、黑胡椒、盐

2 撒上香葱末，拌匀即可。

三文鱼含有丰富的维生素B_6，具有促进褪黑激素分泌的功效，褪黑素可以帮助人体调节睡眠，克服睡眠障碍。鸡蛋富含蛋白质、多种维生素和钙、磷等矿物质，具有清热解毒、滋阴润燥的作用，可以改善阴虚燥热导致的情绪及睡眠不佳。

扫一扫
看制作视频

罐沙拉就该这样装

芒香芥奶酱→三文鱼→芦笋→鸡蛋→胡萝卜→菠萝→圣女果

紫薯南瓜沙拉

- 适合症状：肠胃不佳
- 份量：2～3人份
- 保存时间：冷藏2～4天
- 食用餐具建议：勺子/叉子

材料

❶ 苹果……80克
❷ 香蕉……100克
❸ 胡萝卜……70克
❹ 生菜……35克
❺ 紫薯……170克
❻ 花生……40克
❼ 南瓜……150克

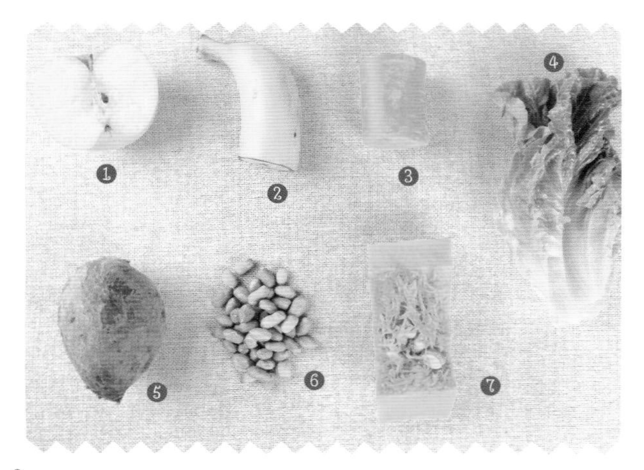

做法

1. 紫薯、南瓜入蒸锅蒸熟，取出晾凉，切成小块。
2. 胡萝卜洗净切细丝；苹果洗净切块；香蕉洗净切片；生菜洗净，用手撕成小片。
3. 取花生40克备用。

高淀粉食材刀工细

对于紫薯、南瓜这些淀粉含量较高的食材，其美味的关键还得看刀工，将这些食材切得小一些，这样在吃的时候更容易蘸到酱料，口感自然更好。

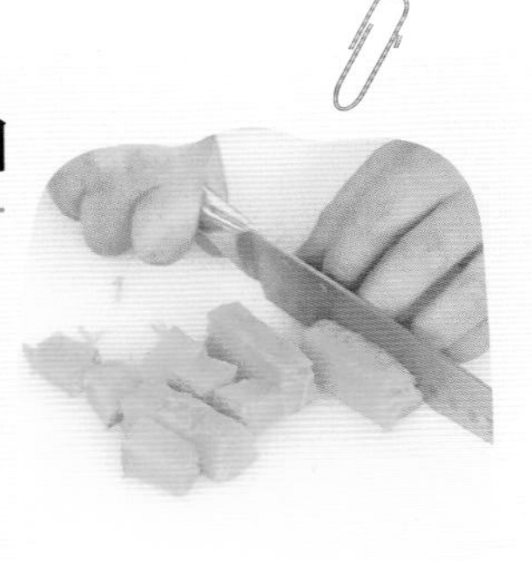

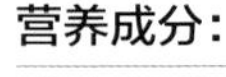

营养成分：

碳水化合物、膳食纤维、氨基酸、不饱和脂肪酸、B族维生素、维生素E、胡萝卜素、铁、硒等。

Tips

南瓜蒸制时间不要太久，以免蒸烂，影响口感。

蜂蜜沙拉酱

❶ 酸奶1大勺
❷ 蜂蜜1大勺
❸ 沙拉酱3大勺

1. 取一小碗，放入沙拉酱、酸奶，拌匀。
2. 加入蜂蜜，调匀即可。

肠胃不好的人需要多吃些质地温和的食物，紫薯、南瓜都不会对胃肠造成刺激，其富含的膳食纤维有助于润肠通便，帮助肠道中的毒素排出体外。新鲜的花生也是很好的养胃食材，慢慢地咀嚼后咽下，对缓解胃痛非常有效。

扫一扫
看制作视频

罐沙拉就该这样装

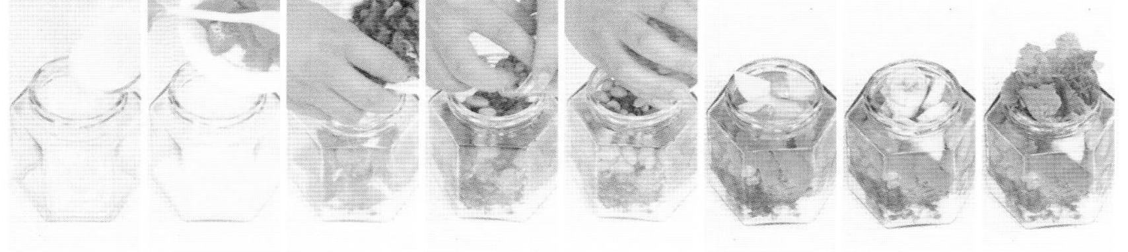

蜂蜜沙拉酱→南瓜→紫薯→花生→胡萝卜→苹果→香蕉→生菜

圆白菜扁豆沙拉

- **适合症状：** 肠胃不佳
- **份量：** 2～3人份
- **保存时间：** 冷藏1～2天
- **食用餐具建议：** 叉子/勺子

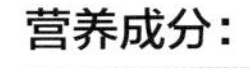

营养成分：

碳水化合物、膳食纤维、蛋白质、胡萝卜素、B族维生素、维生素C、维生素E、叶酸、铁等。

Tips

家里有吃剩的馒头，切成小块，略煎一下，可以代替烤馍片。

材料

❶ 圆白菜……100克
❷ 圣女果……60克
❸ 烤馍片……30克
❹ 扁豆……65克
❺ 豌豆……75克
❻ 甜玉米粒（罐头）60克
❼ 菠菜……60克

做法

1. 圆白菜、扁豆洗净切丝；菠菜洗净切段。
2. 圣女果对半切开，烤馍片用手掰成小块。
3. 锅中注水煮沸，将豌豆、扁豆、菠菜分别焯煮至断，捞出沥干，晾凉。
4. 取甜玉米粒60克备用。

多吃面食养肠胃

面食是最佳的养胃食品，如胃部经常不适，坚持吃烤馍片非常有好处。最好选择味道清淡的原味馍片，但如果担心上火，可换成消化饼、全麦面包等面食。

猕猴桃千岛酱

❶ 猕猴桃40克
❷ 洋葱25克
❸ 番茄酱1小勺
❹ 沙拉酱2大勺

1. 猕猴桃、洋葱切成小碎丁。
2. 取一小碗，放入沙拉酱、番茄酱，拌匀。
3. 倒入猕猴桃、洋葱，拌匀即可。

如果肠胃状况不佳，那么扁豆和圆白菜就是日常食谱中需要经常出现的食材。中医认为，扁豆味甘入脾、胃经，主治脾虚有湿、体倦乏力、少食便溏、水肿。圆白菜中的维生素C，有帮助受伤的肠胃黏膜再生的作用，对胃溃疡和十二指肠溃疡等都有缓解作用。

扫一扫
看制作视频

罐沙拉就该这样装

猕猴桃千岛酱→烤馍片→豌豆→扁豆→甜玉米粒→圆白菜→圣女果→菠菜

菠菜坚果沙拉

- ▶ **适合症状：** 肝虚贫血
- ▶ **份量：** 1～2人份
- ▶ **保存时间：** 冷藏1～2天
- ▶ **食用餐具建议：** 叉子/勺子

材料

❶ 葡萄干……25克
❷ 橙子……1个
❸ 核桃仁……20克
❹ 腰果……30克
❺ 甜杏仁……30克
❻ 菠菜……120克

营养成分：

蛋白质、不饱和脂肪酸、胡萝卜素、维生素A、维生素B_1、维生素C、维生素E、膳食纤维等。

Tips

腰果、核桃仁、甜杏仁也可以用其他坚果代替，如榛子等。

做法

1. 橙子切成两半，一半切成小块，另一半待用。
2. 菠菜洗净，切成段，焯煮至断生，晾凉。
3. 平底锅中注油烧热，放入腰果、核桃仁、甜杏仁煸炒出香味，盛出晾凉。
4. 葡萄干洗净沥干备用。

巧用橙皮增香味

柑橘类水果香气最浓郁的部分是果皮，因此在调酱汁时，可以利用橙皮来增香。把切细的橙皮放入酱汁中，让其中的挥发性物质充分融入酱汁，增添酱汁风味。

橙汁橄榄油酱

❶ 橄榄油2大勺
❷ 黑胡椒2克
❸ 橙子1/2个
❹ 盐3克

1. 将事先切好的另一半橙子剥去皮，取果肉榨成汁。
2. 取一小碗，倒入橙汁、橄榄油，撒入盐、黑胡椒，拌匀即可。

肝虚贫血的人往往面色较差，情绪也不佳，容易激动、生气。其实，只要平时多吃些养肝补血的食材，这些情况就可以得到改善，如菠菜、葡萄干。菠菜含有胡萝卜素、维生素C、维生素E及丰富的铁元素，不仅有疏肝的作用，还能有效改善贫血症状。

罐沙拉就该这样装

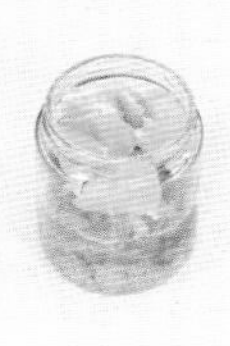

橙汁橄榄油酱→菠菜→腰果、核桃仁→甜杏仁→葡萄干→橙子

黑豆甜玉米沙拉

- ▶ **适合症状：** 肾虚体弱
- ▶ **份量：** 2～3人份
- ▶ **保存时间：** 冷藏3～5天
- ▶ **食用餐具建议：** 勺子/叉子

材料

❶ 黑豆……60克
❷ 甜玉米粒（罐头）70克
❸ 圣女果……65克
❹ 白芝麻……3克
❺ 黄瓜……90克
❻ 紫甘蓝……110克
❼ 紫洋葱……50克

营养成分：

蛋白质、膳食纤维、不饱和脂肪酸、B族维生素、维生素C、维生素E、花青素、蒜素等。

Tips

浸泡好的黑豆用电压力锅煮15分钟即熟。

做法

1. 黑豆煮熟，捞出，沥干水分，晾凉。
2. 黄瓜切丁；紫甘蓝切丝；紫洋葱切条；圣女果洗净，对半切开。
3. 取甜玉米粒70克，白芝麻3克备用。

泡黑豆的水别浪费

黑豆在浸泡的过程中，不少水溶性营养素都会溶解在水中，所以泡黑豆的水千万不要倒掉，用它来煮黑豆，营养更丰富。

苹果醋橄榄油酱

❶ 苹果醋2大勺
❷ 橄榄油1大勺
❸ 黑胡椒1克
❹ 盐2克

1. 取一小碗，倒入苹果醋、橄榄油，搅拌均匀。
2. 放入盐、黑胡椒，拌匀即可。

工作的劳累和久坐不动的生活习惯很容易导致肾虚，出现乏力、怕冷、早衰等不适。除了改变生活习惯，多吃益肾的食材也很重要。黑色食材大都具有补肾益肾的功效，黑豆就是其中的代表。常吃黑豆不仅能增强体力，还有乌发的作用。

扫一扫
看制作视频

罐沙拉就该这样装

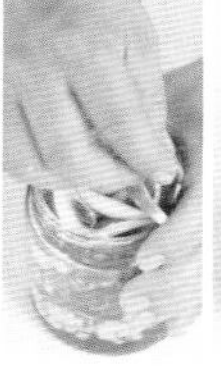

苹果醋橄榄油酱→黑豆→甜玉米粒→紫甘蓝→黄瓜→圣女果→洋葱→白芝麻

法式尼斯沙拉

- 适合症状：疲劳乏力
- 份量：1～2人份
- 保存时间：冷藏2～4天
- 食用餐具建议：叉子/勺子/筷子

材料

❶ 苦菊……35克
❷ 鸡蛋……2个
❸ 西红柿……90克
❹ 去核的黑橄榄……15克
❺ 土豆……1个
❻ 芦笋……40克
❼ 荷兰豆……25克

做法

1 土豆洗净切块；芦笋洗净切段；西红柿洗净切片；去核的黑橄榄切片；苦菊用手撕成小片。

2 鸡蛋煮熟，去壳，切成片。

3 荷兰豆、芦笋、土豆分别焯水至断生，晾凉。

煮鸡蛋的小秘诀

想要鸡蛋切开完整，煮蛋时冷水下锅，开大火煮，在水变温的时候用筷子不停地顺着一个方向慢慢搅拌，直到水沸腾，再将火转为微火，继续煮5分钟即可。

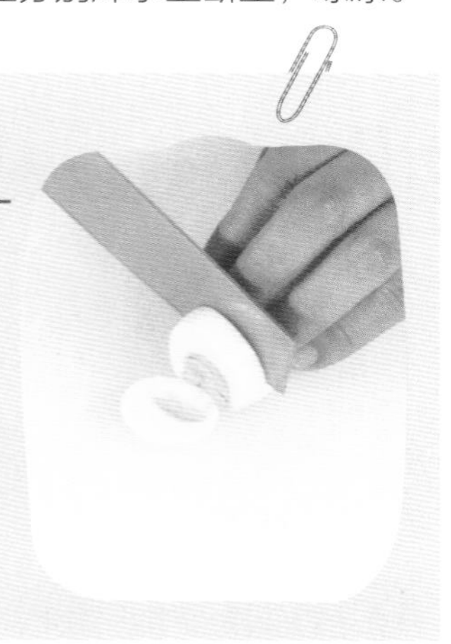

营养成分：

碳水化合物、蛋白质、卵磷脂、番茄红素、膳食纤维、维生素C、维生素E、钙、铁、锌等。

Tips

将冷藏保存的沙拉倒入盘中享用，就是一道经典尼斯沙拉。

凤尾鱼沙拉酱

❶ 橄榄油3大勺
❷ 黑胡椒4克
❸ 红葡萄酒醋1大勺
❹ 盐3克
❺ 凤尾鱼（罐头）10克

1 凤尾鱼切碎。

2 取一小碗，倒入橄榄油、红葡萄酒醋，拌匀。

3 放入盐、黑胡椒、凤尾鱼碎，调匀即可。

尼斯沙拉是在很多西餐厅都能吃到的经典沙拉，用其主要原料制作成独特的罐沙拉，使您在家也能吃到如此美味。这道沙拉中的土豆、鸡蛋富含碳水化合物、蛋白质、卵磷脂等营养成分，鲜蔬则富含维生素和矿物质，可为身体迅速『充电』，缓解疲劳。

罐沙拉就该这样装

凤尾鱼沙拉酱→土豆→芦笋→鸡蛋→西红柿→荷兰豆→苦菊→黑橄榄

灯笼椒鸡肉沙拉

▶ **适合症状：** 疲劳乏力

▶ **份量：** 2～3人份

▶ **保存时间：** 冷藏3～5天

▶ **食用餐具建议：** 筷子/叉子

材料

❶ 鸡肉……200克

❷ 木耳……60克

❸ 生菜……85克

❹ 红灯笼椒……140克

❺ 绿灯笼椒……140克

❻ 黄灯笼椒……140克

❼ 洋葱……55克

做法

1. 三种灯笼椒分别洗净，切成小块；洋葱洗净切丁；生菜洗净，用手撕成小片。
2. 鸡肉切成丁，下入沸水中焯熟，捞出沥干。
3. 木耳下入沸水中焯煮至断生，捞出，晾凉。

红酒醋的奇妙滋味

红葡萄酒醋产自意大利，原料为葡萄的浓缩果汁，经过数年的桶内发酵而转化成醋，除了具有酸味，还有微量的酒精成分，适宜搭配肉类、蔬菜做成沙拉。

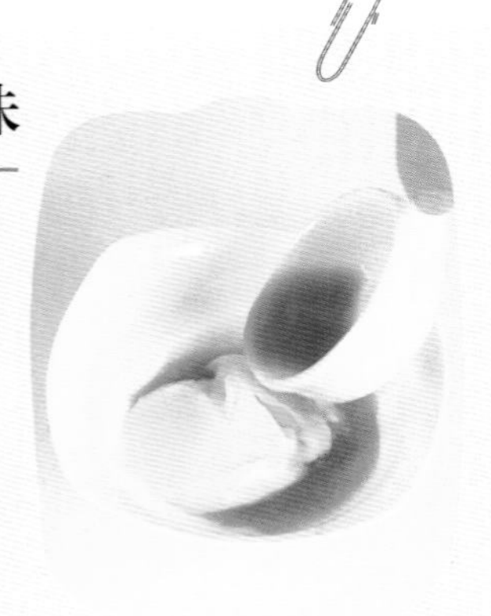

营养成分：

蛋白质、脂肪、膳食纤维、维生素A、B族维生素、维生素C、胡萝卜素、胶质、铁、锌等。

Tips

如果不喜欢吃生灯笼椒，也可先焯一下水再用。

咖喱蛋黄酱

❶ 红葡萄酒醋1大勺

❷ 蛋黄酱2大勺

❸ 咖喱粉1小勺

❹ 盐2克

❺ 黑胡椒2克

1. 取一小碗，倒入蛋黄酱、红葡萄酒醋，拌匀。
2. 放入咖喱粉、盐、黑胡椒，调匀即可。

鸡肉不仅美味，还富含极易被人体吸收的优质蛋白和B族维生素，具有益五脏、补虚损的功效，可以改善由身体虚弱而引起的乏力、头晕等症状。灯笼椒的维生素含量非常高，可以帮助身体迅速清理掉氧自由基等，唤醒疲劳的身体。

扫一扫
看制作视频

罐沙拉就该这样装

咖喱蛋黄酱→鸡肉→木耳→绿灯笼椒→红灯笼椒→黄灯笼椒→洋葱→生菜

通心粉鹌鹑蛋沙拉

- **适合症状：**记忆力减退
- **份量：**2～3人份
- **保存时间：**冷藏3～5天
- **食用餐具建议：**叉子/勺子/筷子

材料

❶ 香菜……10克
❷ 火腿……80克
❸ 鹌鹑蛋……70克
❹ 青豆……75克
❺ 紫甘蓝……130克
❻ 通心粉……35克
❼ 蟹柳……60克

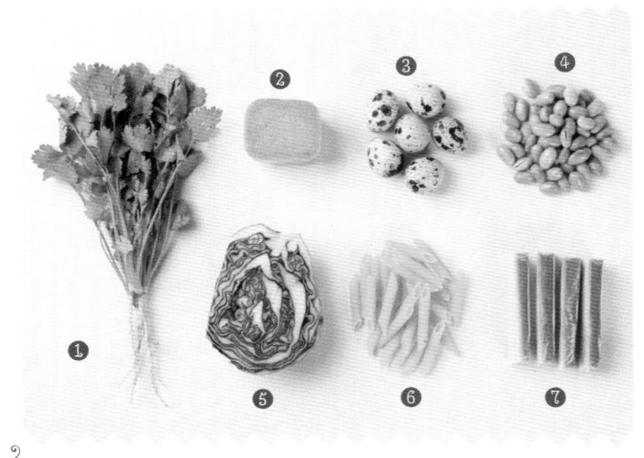

做法

1. 通心粉加盐、橄榄油下锅煮熟，捞出沥干。
2. 煮熟的鹌鹑蛋剥去壳；紫甘蓝洗净切丝；火腿切丁；蟹柳切菱形段。
3. 将蟹柳、青豆分别焯煮至断生，捞出，晾凉。
4. 香菜切段备用。

怎样煮通心粉？

通心粉是制作沙拉常用的面食，它不仅具有较好的口感，而且可以充分吸入酱汁，吃起来独具风味。煮通心粉时，加入少许盐和橄榄油，能够使其更劲道。

营养成分：

碳水化合物、蛋白质、卵磷脂、胡萝卜素、维生素A、B族维生素、膳食纤维、甘露糖醇等。

Tips

通心粉不会因为酱汁浸泡而变软，适宜放在最下层。

芝麻蛋黄酱

❶ 蒜末10克
❷ 熟蛋黄1个
❸ 沙拉酱2大勺
❹ 蜂蜜1.5大勺
❺ 芝麻酱1.5大勺
❻ 乌醋2小勺

1. 取一小碗，放入熟蛋黄，捣碎。
2. 倒入沙拉酱、芝麻酱、蜂蜜、乌醋、蒜末，拌匀即可。

常常用脑过度容易导致记忆力减退。其实，大脑和身体的其他部位一样，也需要经常补充所需的营养，才能正常运转。大脑所需要的重要营养物质叫『卵磷脂』，由于它消耗得很快，所以需要不断补充，鹌鹑蛋中就富含这种物质，有助于增强记忆力。

扫一扫
看制作视频

罐沙拉就该这样装

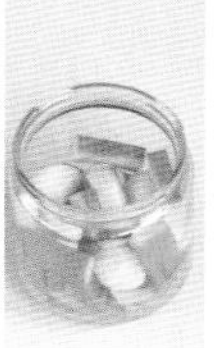

芝麻蛋黄酱→通心粉→火腿→鹌鹑蛋→蟹柳→青豆→紫甘蓝→香菜

鲜虾芒果蓝莓沙拉

▶ **适合症状：**记忆力减退

▶ **份量：**2～3人份

▶ **保存时间：**冷藏1～2天

▶ **食用餐具建议：**筷子/叉子

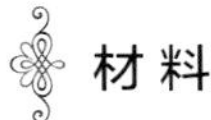

材料

❶ 芒果……400克
❷ 橘子……170克
❸ 紫甘蓝……140克
❹ 圣女果……70克
❺ 虾仁……85克
❻ 蓝莓……60克

做法

1 虾仁去除虾线，下入沸水中焯煮至断生，捞出沥干，晾凉。

2 芒果洗净切丁；圣女果对半切开。

3 紫甘蓝用手撕成小片；橘子剥皮，掰成瓣。

4 蓝莓洗净沥干水分备用。

利用牙签去虾线

找到从虾头和虾身的连接处向下数第3个关节处，用牙签穿过虾身，一手拿虾，一手拿牙签轻轻向外挑虾线，挑出一段后，用手即可将整根虾线拽出来。

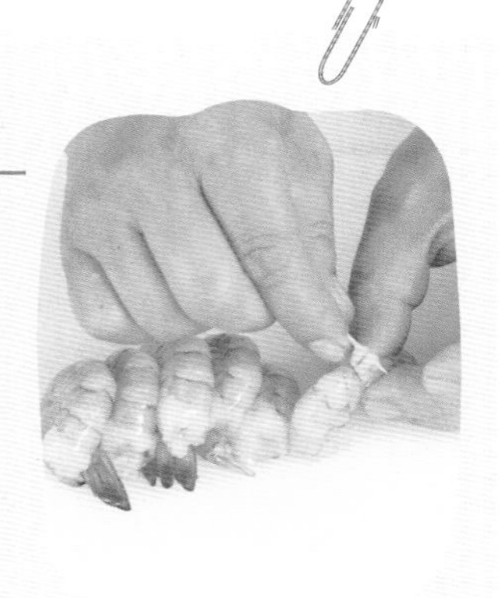

营养成分：

蛋白质、脂肪、维生素A、维生素B_6、维生素C、牛磺酸、膳食纤维、钾、碘、镁、磷、硒等。

Tips

焯煮好的虾仁可以过一遍凉水，肉质会更有弹性。

黑胡椒沙拉酱

❶ 柠檬汁1.5大勺
❷ 盐3克
❸ 黑胡椒4克
❹ 沙拉酱2大勺

1 取一小碗，放入沙拉酱、柠檬汁，拌匀。

2 加入黑胡椒、盐，拌匀即可。

虾营养丰富，所含的蛋白质是鱼、蛋、奶的几倍到几十倍，虾还含有丰富的钾、碘、镁、磷、锌等矿物质及维生素A、虾青素等成分，且其肉质松软，易消化，脂肪含量很低，多为有益健康的不饱和脂肪酸，对改善记忆力有一定的作用。

扫一扫
看制作视频

罐沙拉就该这样装

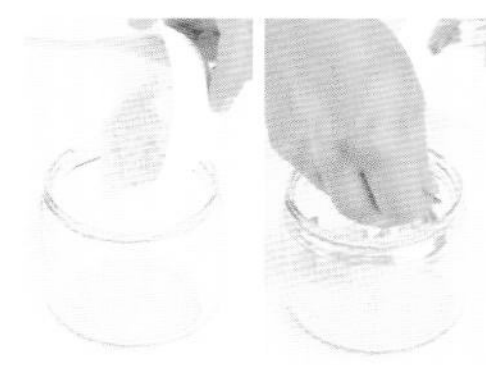

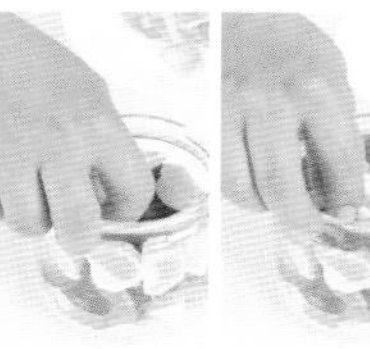

黑胡椒沙拉酱→虾仁→芒果→紫甘蓝→橘子→圣女果→蓝莓

生蚝秋葵沙拉

- 适合症状：体力不佳
- 份量：1~2人份
- 保存时间：冷藏3~5天
- 食用餐具建议：筷子/叉子

材料

❶ 生菜……35克
❷ 莴笋……150克
❸ 秋葵……80克
❹ 牛油果……1个
❺ 圣女果……100克
❻ 生蚝肉……200克

营养成分：

蛋白质、碳水化合物、膳食纤维、维生素A、B族维生素、维生素C、胡萝卜素、铁、硒等。

Tips

意大利黑醋由葡萄酿造而成，酸甜中带有果香，可增进食欲。

做法

1 秋葵切段；莴笋切丝；圣女果对半切开。

2 牛油果去核、皮，切成小丁；生菜用手撕成小片。

3 锅中注水煮沸，将秋葵、生蚝肉分别焯煮至断生，捞出沥干，晾凉。

加料酒去除腥味

生蚝与普通贝类相比，腥味较重，除了利用酱汁调和其腥味，在焯煮生蚝肉时还可以加入少许料酒，可以有效去腥增鲜。

柠檬蒜蓉油醋酱

❶ 意大利黑醋1大勺
❷ 盐3克
❸ 黑胡椒3克
❹ 柠檬汁1.5大勺
❺ 蒜末4克
❻ 橄榄油2大勺

1 取一小碗，放入蒜蓉，倒入橄榄油、意大利黑醋、柠檬汁，调匀。

2 放入盐、黑胡椒，拌匀即可。

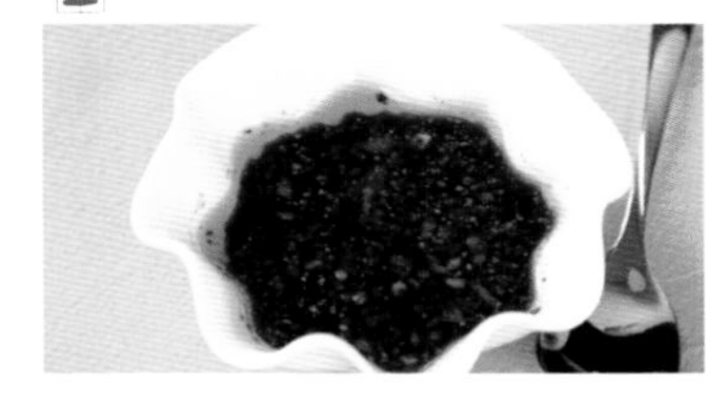

生蚝被称为『海洋中的牛奶』，营养价值非常高，具有治虚损、益肾壮阳、滋阴美容的作用，尤其适合男性及体力不佳者食用。秋葵含有一种黏性液质及多种糖类，经常食用能帮助消化、增强体力、保护肝脏。感觉身体疲劳的时候，不妨来这么一罐沙拉。

扫一扫
看制作视频

罐沙拉就该这样装

柠檬蒜蓉油醋酱→生蚝肉→秋葵→牛油果→莴笋→圣女果→生菜

牛肉蔬菜沙拉

- 适合症状：体力不佳
- 份量：2～3人份
- 保存时间：冷藏2～4天
- 食用餐具建议：筷子/叉子

材料

❶ 甜玉米粒（罐头）60克
❷ 黄豆芽……100克
❸ 生菜……40克
❹ 圣女果……100克
❺ 胡萝卜……100克
❻ 黄瓜……85克
❼ 牛肉……200克

做法

1. 黄瓜、胡萝卜切丝；圣女果对半切开；生菜用手撕成小片；牛肉切成粗丝。
2. 蒜末下油锅爆香，倒入牛肉丝炒至断生，盛出。
3. 将胡萝卜、黄豆芽焯煮至断生，捞出，晾凉。
4. 取甜玉米粒60克备用。

酱的比例是关键

番茄酱与辣椒酱一起食用，可以获得酸甜中带着微辣的独特口味，非常适宜搭配牛肉。可依据个人口味，自行调节番茄酱、辣椒酱的比例，获得满意的口感。

营养成分：

蛋白质、脂肪、维生素B_6、维生素B_{12}、维生素C、膳食纤维、铁、锌、镁等。

Tips

切牛肉时应横着纤维纹路切，即顶着肌肉的纹路切。

番茄辣椒酱

❶ 盐2克
❷ 黑胡椒3克
❸ 辣椒酱1大勺
❹ 柠檬汁1大勺
❺ 番茄酱2大勺

1. 取一小碗，倒入番茄酱、辣椒酱、柠檬汁，拌匀。
2. 加入盐、黑胡椒，拌匀即可。

牛肉富含多种氨基酸，尤其是肌氨酸含量丰富，它是肌肉的『燃料』之源，可以有效补充三磷酸腺苷，因此，食用牛肉对增长肌肉、增强力量特别有效。此外，牛肉还含有大量的铁，有助于预防缺铁性贫血。这道沙拉尤其适合运动之后食用。

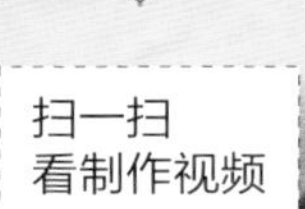

扫一扫
看制作视频

罐沙拉就该这样装

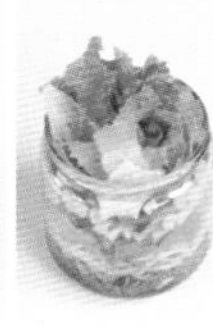

番茄辣椒酱→牛肉→黄豆芽→胡萝卜→黄瓜→圣女果→甜玉米粒→生菜

水蜜桃荷兰豆沙拉

▶ **适合症状：** 烟酒损伤
▶ **份量：** 1～2人份
▶ **保存时间：** 冷藏1～2天
▶ **食用餐具建议：** 叉子/勺子

材料

❶ 水蜜桃……1个
❷ 黄瓜……80克
❸ 荷兰豆……40克
❹ 甜杏仁……20克
❺ 薄荷叶……4克
❻ 甜玉米……70克

做法

1. 蜜桃洗净，切成小块；黄瓜洗净切片。
2. 锅中注水煮沸，将荷兰豆焯煮至断生，捞出沥干，晾凉。
3. 取甜杏仁、薄荷叶、甜玉米备用。

提味薄荷叶随心配

薄荷叶清凉怡神，搭配口感清爽的蔬果罐沙拉，或略显油腻的肉类沙拉，都非常适宜。可以将薄荷叶直接放入食材中拌开食用，也可以切碎后拌在酱料中。

营养成分：

蛋白质、碳水化合物、B族维生素、维生素C、维生素E、胡萝卜素、钙、磷、铁、钾等。

Tips

用油桃来做这道沙拉，果香会更加浓郁。

油醋甜辣酱

❶ 橄榄油2大勺
❷ 白糖1.5大勺
❸ 小红辣椒10克
❹ 红葡萄酒醋3大勺

1. 锅中倒入红葡萄酒醋，加入白糖，煮至白糖溶化。
2. 趁热放入切碎的小红辣椒。
3. 晾凉后倒入橄榄油，搅拌均匀即可。

经常抽烟、喝酒对身体会造成慢性损伤，尤其对肝、肺的伤害最大。水蜜桃是清肺、润肺的佳果，对慢性支气管炎、干咳、咳血均有一定的调理作用。绿色蔬菜则可以帮助肝脏代谢出毒素，减轻肝脏的负担，具有香辛味道的薄荷更能有效疏肝解郁。

扫一扫
看制作视频

罐沙拉就该这样装

    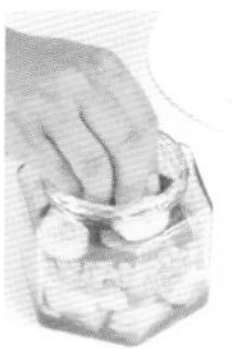  

油醋甜辣酱→水蜜桃→荷兰豆→甜玉米→黄瓜→薄荷叶→甜杏仁

橙香鱿鱼沙拉

- **适合症状：**烟酒损伤
- **份量：**1~2人份
- **保存时间：**冷藏1~2天
- **食用餐具建议：**筷子/叉子

材料

❶ 西红柿……95克
❷ 胡萝卜……70克
❸ 西葫芦……160克
❹ 鱿鱼……130克
❺ 西芹……60克
❻ 油菜……60克

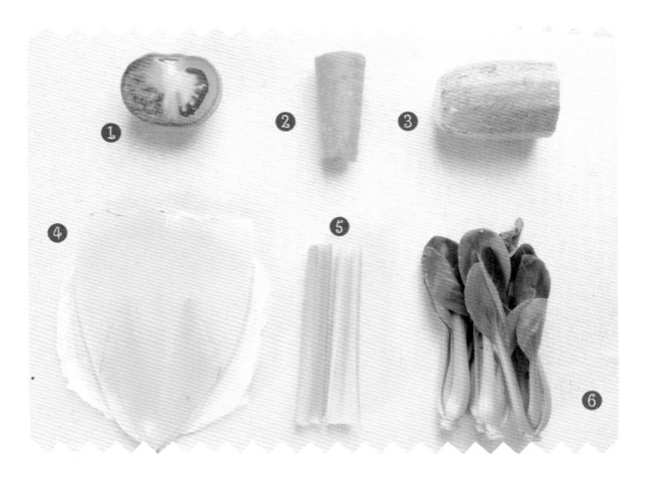

做法

1. 鱿鱼切花刀，再切成片；西葫芦切小块；西芹切段；油菜切开；胡萝卜、西红柿切片。
2. 锅中注水煮沸，将胡萝卜、西葫芦、西芹、油菜、鱿鱼分别焯煮至断生，捞出沥干，晾凉。

用姜丝妙去腥

新鲜鱿鱼腥味较重，可以在沸水中先放入少许姜丝，略煮片刻，再放入鱿鱼焯煮，有助于去除腥味。

营养成分：

蛋白质、牛磺酸、维生素A、维生素B_2、维生素E、胡萝卜素、膳食纤维、钙、铁、锰、铜等。

Tips

给鱿鱼切花刀时，刀与肉之间呈45°斜角，不容易切断。

橙香油醋酱

❶ 橄榄油2大勺
❷ 醋1大勺
❸ 橙子1/2个
❹ 白糖5克
❺ 盐4克
❻ 黑胡椒4克

1. 橙子剥去皮，取果肉榨成汁。
2. 取一小碗，倒入橄榄油、醋、橙汁，放入盐、白糖、黑胡椒，拌匀即可。

鱿鱼中含有大量的牛磺酸，可预缓解疲劳、恢复视力、改善肝脏功能。经常抽烟的人可适当吃些鱿鱼，减缓肝脏受到的损伤。芹菜的膳食纤维含量非常高，可以帮助身体『扫』出堆积的毒素，常吃可轻身健体。

扫一扫
看制作视频

罐沙拉就该这样装

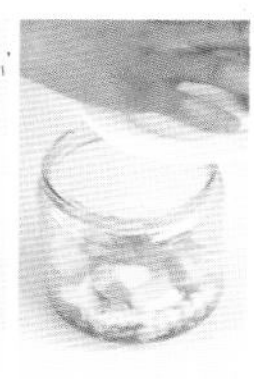

橙香油醋酱→鱿鱼→西葫芦→胡萝卜→西红柿→西芹→油菜

培根金针菇意面沙拉

- ▶ **适合症状：** 免疫力低下
- ▶ **份量：** 1～2人份
- ▶ **保存时间：** 冷藏3～5天
- ▶ **食用餐具建议：** 叉子/筷子

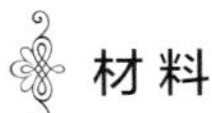

材料

❶ 西蓝花……90克
❷ 洋葱……60克
❸ 青椒……80克
❹ 金针菇……150克
❺ 培根……75克
❻ 意大利面……60克

做法

1 西蓝花切小朵；洋葱、青椒切小块；金针菇切去根部，撕开；培根切片。

2 意大利面煮熟，捞出，过凉水；将金针菇、西蓝花焯煮至断生，捞出；培根片略煎，盛出。

这样煮意面不易断

将意大利面成捆竖起来，用手握住，一头放入水中，松开手，让面自由散开，不要立刻去动面，以免折断，等面开始变得柔软，再轻轻搅散即可。

营养成分：

蛋白质、脂肪、碳水化合物、膳食纤维、维生素A、维生素B_2、维生素C、锌等。

Tips

如果喜欢香味浓郁的酱汁，还可以加入少许鲜奶油。

意大利面白酱

❶ 蛋黄酱2大勺
❷ 橄榄油1.5大勺
❸ 蒜末5克
❹ 牛至适量
❺ 盐3克

1 取一小碗，倒入蛋黄酱、橄榄油，拌匀。

2 加入蒜末、盐，拌匀，撒上少许牛至，轻轻搅拌一下即可。

金针菇含有人体所需要的多种蛋白质和氨基酸，而且其生长过程是没有经过光合作用的生物合成过程，天然合成的某些特殊成分对于增强人体的免疫力有着无可取代的作用。此外，金针菇中的『聪明元素』——锌含量也异常丰富，因此，金针菇又被称为『益智菇』。

扫一扫
看制作视频

罐沙拉就该这样装

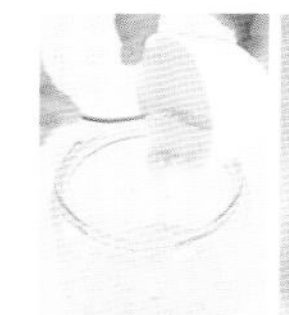

意大利面白酱→意大利面→培根→西蓝花→金针菇→青椒→洋葱

羊肉烙饼沙拉

- ▶ **适合症状：** 免疫力低下
- ▶ **份量：** 2～3人份
- ▶ **保存时间：** 冷藏2～4天
- ▶ **食用餐具建议：** 叉子/筷子/勺子

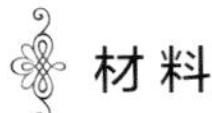

材料

❶ 香菜……25克
❷ 芹菜……30克
❸ 青椒……100克
❹ 木耳……30克
❺ 胡萝卜……90克
❻ 烙饼……60克
❼ 羊肉……150克

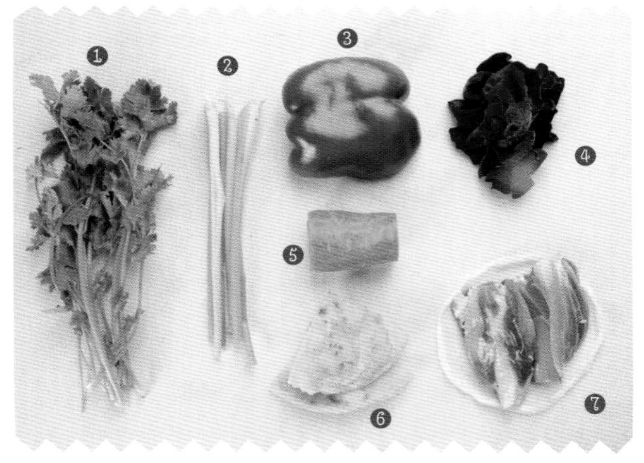

做法

1. 青椒切粗丝；芹菜切段；香菜切成小段。
2. 胡萝卜切细丝；烙饼和木耳用手撕成小块。
3. 木耳焯煮至断生，捞出沥干，晾凉。
4. 沸水锅中放入羊肉片，煮至变色，捞出。

羊肉越薄越美味

这道罐沙拉的美味秘诀和涮羊肉一样，就是把羊肉片尽量切得薄些，下锅煮至变色即可，以免煮老。薄的羊肉片更容易充分蘸到酱料，吃起来滋味十足。

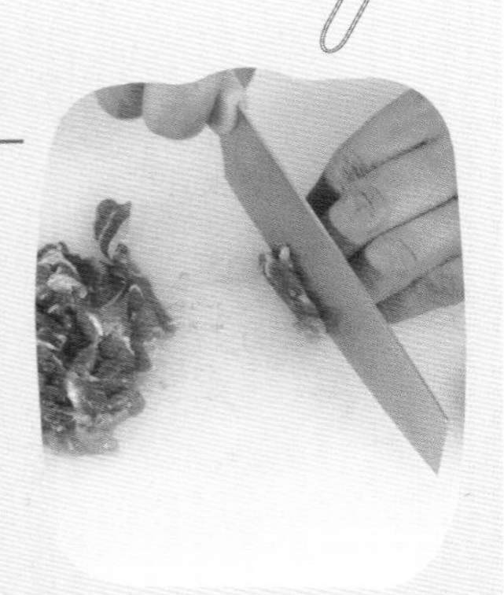

营养成分：

蛋白质、胆固醇、碳水化合物、膳食纤维、维生素A、B族维生素、维生素C、胡萝卜素等。

Tips

如果自己切不好羊肉，买切好冷冻的涮羊肉片也可以。

韭菜花芝麻酱

❶ 芝麻酱2大勺
❷ 葱花4克
❸ 韭菜花酱1大勺
❹ 红腐乳半块

1. 取一小碗，放入芝麻酱、腐乳、韭菜花酱，拌匀。
2. 放入切细的葱花，稍微搅拌一下即可。

羊肉对肾亏阳痿、体虚怕冷、气血两亏、病后或产后身体虚亏等均有治疗和补益效果，最适宜冬季食用。这道罐沙拉以富含碳水化合物的烙饼，以及富含胶质的木耳、富含胡萝卜素及多种维生素的蔬菜搭配羊肉，营养全面而均衡。

扫一扫
看制作视频

罐沙拉就该这样装

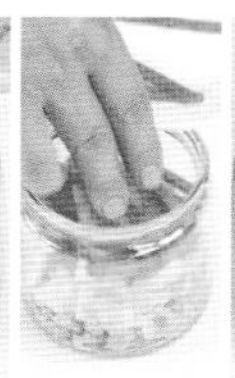

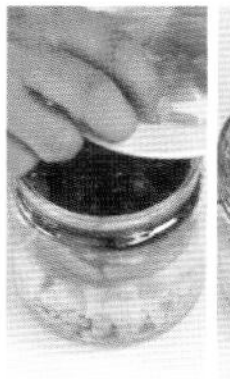

韭菜花芝麻酱→羊肉→烙饼→胡萝卜→青椒→木耳→芹菜→香菜

Part 4

一罐沙拉，呵护孕妈妈、胎宝宝

孕妈妈的营养配餐是件“大事”，辛辛苦苦做一大桌饭，还是会担心营养不够全面。同时，由于妊娠反应等原因，孕妈妈的胃口有时欠佳，食量有限，往往吃不了几口就饱了。还有些孕妈妈胃口特别好，除了一日三餐，还免不了要“加餐”。这些问题，罐沙拉都能轻松解决。挑选孕妈妈爱吃的以及对身体有调理作用的食材，根据自己的食量做成罐沙拉，放入冰箱冷藏，随时取出来即可食用，让孕妈妈、胎宝宝时刻不缺营养！

酸甜鲜果沙拉

- 适合症状：孕期嗜酸
- 份量：2~3人份
- 保存时间：冷藏1~2天
- 食用餐具建议：叉子/勺子

材料

❶ 香蕉……1根
❷ 猕猴桃……2个
❸ 苹果……1个
❹ 芒果……1个
❺ 葡萄……180克
❻ 樱桃……150克
❼ 西柚……1/2个

做法

1. 西柚剥去皮，取果肉切小块。
2. 猕猴桃、香蕉洗净，去皮，切片；芒果、苹果洗净切小块。
3. 樱桃洗净，摘去梗。
4. 葡萄洗净沥干水分备用。

芒果快速切丁法

避开中间的核，把芒果切成两块带皮的厚片。取其中一片，在果肉上切网格状花刀，切好后把皮轻轻一掰，顶出小方块状的果肉，再沿着皮将小方块切下即可。

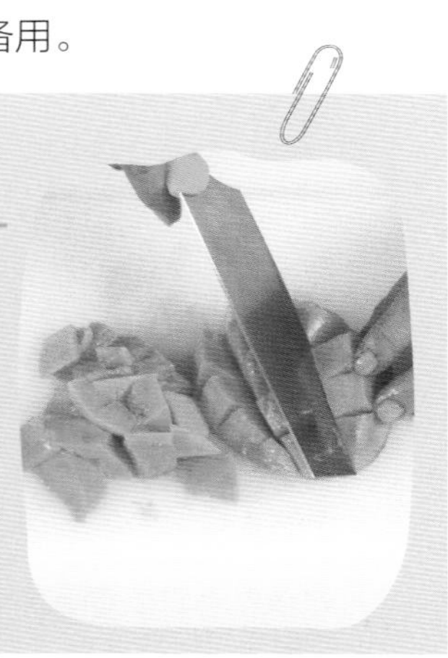

营养成分：

蛋白质、碳水化合物、膳食纤维、B族维生素、维生素C、维生素E、胡萝卜素、锰、锌、硒等。

Tips

可以将食材切小一点，这样比较容易装罐。

柠檬酸奶沙拉酱

❶ 沙拉酱1大勺
❷ 柠檬汁1.5大勺
❸ 酸奶4大勺

1. 取一小碗，倒入沙拉酱、酸奶，搅匀。
2. 倒入柠檬汁，拌匀即可。

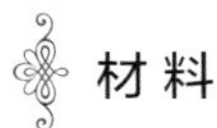

很多孕妈妈都有突然嗜好吃酸的现象，偏酸味的水果最能满足这一需要，而且能为孕妈妈和胎宝宝补充大量的维生素、矿物质及膳食纤维，比如这道沙拉中的樱桃富含铁、猕猴桃和西柚富含维生素C、香蕉富含钾，一定能让孕妈妈吃得『对味』又营养。

罐沙拉就该这样装

 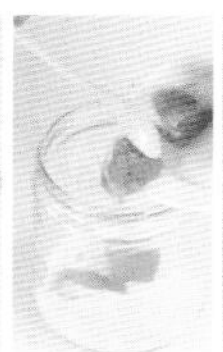      

柠檬酸奶沙拉酱→西柚→葡萄→苹果→猕猴桃→芒果→香蕉→樱桃

鸡胸肉酸黄瓜沙拉

- ▶ **适合症状：**孕期嗜酸
- ▶ **份量：**1～2人份
- ▶ **保存时间：**冷藏2～4天
- ▶ **食用餐具建议：**筷子/叉子

材料

❶ 土豆……1个
❷ 圣女果……80克
❸ 胡萝卜……85克
❹ 鸡胸肉……150克
❺ 腌酸黄瓜……85克
❻ 水煮蛋……1个

做法

1 鸡胸肉切丁，下入沸水中焯煮至断生，捞出，过一遍凉水。

2 土豆、胡萝切小块，焯煮至断生，捞出沥干，晾凉。

3 水煮蛋对半切开；腌酸黄瓜切小块；圣女果洗净，对半切开。

让鸡胸肉更滑嫩

鸡胸肉的肉质纤维较紧密，一旦煮得太老，吃起来就会影响口感。将焯煮好的鸡胸肉马上放入凉水中浸泡片刻，口感会更滑嫩。

营养成分：

蛋白质、脂肪、碳水化合物、膳食纤维、卵磷脂、胡萝卜素、维生素C、钙、镁、锌、硒等。

Tips

用黄豆酱代替味噌，搭配这些食材同样很美味。

味噌沙拉酱

❶ 味噌2大勺
❷ 沙拉酱2大勺
❸ 番茄酱1小勺
❹ 黑胡椒4克
❺ 西芹12克

1 西芹切成碎丁。

2 取一小碗，放入味噌、沙拉酱、番茄酱，调匀。

3 倒入黑胡椒、西芹碎，拌匀即可。

鸡胸肉是适合孕妈妈食用的优质食材，它富含容易被人体吸收的优质蛋白，同时也是磷、铁、铜、锌等矿物质以及生素B_{12}、维生素B_6、维生素A、维生素D的良好来源，并且脂肪含量较低。鸡胸肉搭配酸黄瓜一起食用，好吃更开胃。

扫一扫
看制作视频

罐沙拉就该这样装

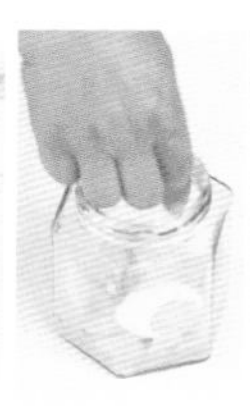

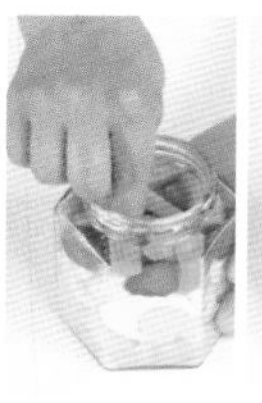
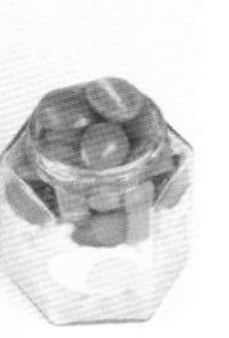

味噌沙拉酱→土豆→水煮蛋→鸡胸肉→腌酸黄瓜→胡萝卜→圣女果

川辣凉粉沙拉

- 适合症状：孕期嗜辣
- 份量：3～4人份
- 保存时间：冷藏3～5天
- 食用餐具建议：筷子/叉子

材料

❶ 油炸花生米……35克
❷ 黄瓜……80克
❸ 香葱……适量
❹ 鸡蛋豆干……150克
❺ 凉粉……400克
❻ 绿豆芽……60克

做法

1. 凉粉切成合适的长条；黄瓜切成细丝；鸡蛋豆干切成条。
2. 香葱用手撕成细丝，放入冷水中，使其卷起。
3. 锅中注水煮沸，放入绿豆芽，焯煮至断生，捞出沥干，晾凉。
4. 取油炸花生米备用。

简单撕出香葱丝

快速制作出丝丝分明、柔韧卷曲的香葱丝：先准备好一碗凉水，然后将洗好的香葱丝竖着撕成细条，每撕好一条就放入凉水中，片刻之后香葱丝就会自动卷起。

营养成分：

碳水化合物、蛋白质、不饱和脂肪酸、卵磷脂、维生素A、维生素C、胡萝卜素、叶酸、钙、铁等。

Tips

将这道罐沙拉放入冰箱冷藏后食用，味道更佳。

川味麻辣酱

❶ 酱油1.5大勺
❷ 香油1小勺
❸ 醋1大勺
❹ 白糖3克
❺ 蒜末5克
❻ 白芝麻4克
❼ 花椒油1小勺
❽ 辣椒油1/2大勺

1. 取一小碗，加入酱油、辣椒油、花椒油、醋，拌匀。
2. 倒入白糖、蒜末，加入香油，撒上白芝麻，拌匀即可。

孕妈妈一旦想吃辣，那真是无论如何都忍不住的！这道川味罐沙拉一定能让孕妈妈大呼过瘾。同时，这道沙拉在营养上也做足了功夫，碳水化合物、维生素、矿物质、蛋白质、不饱和脂肪酸、膳食纤维等必需营养素一应俱全。

扫一扫
看制作视频

罐沙拉就该这样装

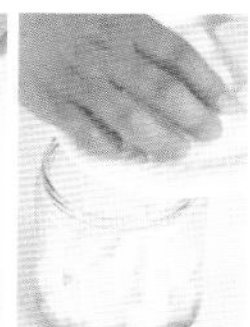
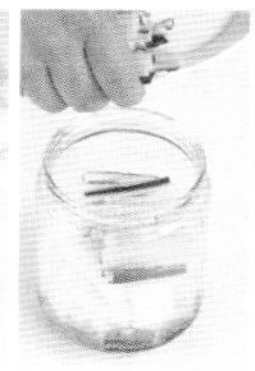

川味麻辣酱→凉粉→黄瓜→鸡蛋豆干→绿豆芽→油炸花生米→香葱

金针菇牛肉米粉沙拉

- **适合症状：**孕期嗜辣
- **份量：**2～3人份
- **保存时间：**冷藏2～3天
- **食用餐具建议：**筷子/叉子

材料

❶ 细米粉……55克
❷ 绿灯笼椒……90克
❸ 腰果……40克
❹ 圣女果……70克
❺ 芦笋……60克
❻ 金针菇……140克
❼ 牛肉……300克

做法

1 牛肉切粒，用盐、黑胡椒、料酒腌渍；芦笋掰成小段；圣女果切成两半；绿灯笼椒切小块。

2 金针菇、芦笋焯水；细米粉煮熟；腌好的牛肉放入油锅中煎至断生。

3 取腰果备用。

肉类腌渍更美味

怎样才能让肉类充分而快速入味呢？提前腌渍就是最好的方法。经过腌渍处理的肉保鲜时间也会延长。如果天气较热，可将拌好调料的肉放入冰箱冷藏约1小时。

营养成分：

蛋白质、脂肪、碳水化合物、膳食纤维、维生素A、B族维生素、维生素C、钙、铁、锌等。

Tips

细米粉在酱料中浸泡过久容易软烂，因此宜放在中上层。

剁椒香辣酱

❶ 香油2小勺
❷ 酱油1大勺
❸ 醋1小勺
❹ 盐2克
❺ 白糖1小勺
❻ 柠檬汁1小勺
❼ 剁椒1.5大勺

1 取一小碗，倒入剁椒、酱油、醋、柠檬汁、白糖、盐，拌匀。

2 倒入香油，调匀即可。

孕妈妈需要消耗大量的能量，常常会感觉疲劳。牛肉不仅能帮孕妈妈迅速恢复体力，而且富含铁和锌，有助于预防胎儿贫血、促进胎儿智力发育。金针菇则有『益智菇』的美称，能促进新陈代谢，还能有效防止孕期便秘的发生。

扫一扫
看制作视频

罐沙拉就该这样装

剁椒香辣酱→牛肉→金针菇→芦笋→细米粉→绿灯笼椒→圣女果→腰果

海带丝清口蔬果沙拉

- 适合症状：孕期厌油腻
- 份量：1～2人份
- 保存时间：冷藏3～5天
- 食用餐具建议：叉子/筷子

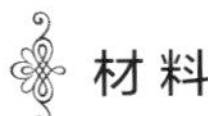

材料

❶ 黑木耳……60克
❷ 白萝卜……130克
❸ 洋葱……70克
❹ 苹果……100克
❺ 海带丝……100克
❻ 芹菜……70克
❼ 生菜……40克

做法

1. 海带丝、芹菜切段；洋葱、白萝卜切丝。
2. 苹果洗净切小块；生菜洗净，用手撕成小片。
3. 锅中注水煮沸，将海带丝、黑木耳、芹菜分别焯煮至断生，捞出沥干，晾凉。

营养成分：

膳食纤维、海带多糖、甘露醇、维生素A、维生素C、维生素D、钙、铁、碘、硒等。

Tips

用苹果醋调制这道沙拉的酱料，可以使口味酸甜适中。

麻辣酱料很简单

这道沙拉的酱料是典型的中式口味，可以按照自己的口味随意调配。如果喜欢偏酸的口味，可以多放些醋，如果喜欢麻辣口味，可以加少许辣椒油、花椒油。

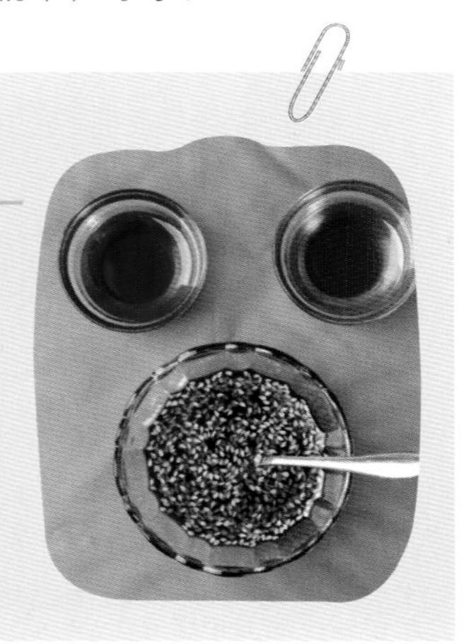

芝麻油醋酱

❶ 香油1小勺
❷ 香醋1大勺
❸ 酱油1.5大勺
❹ 盐3克
❺ 白芝麻3克

1. 取一小碗，倒入酱油、醋、香油，调匀。
2. 放入盐、白芝麻，拌匀即可。

这道沙拉选用多种口感清爽的食材制作而成，适合孕妈妈在食欲不佳的时候食用，为身体补充所需的营养物质。海带中的碘可随血液循环进入胎儿体内，孕妇适量食用海带可以防止胎儿发育不良。但也不宜一次食用太多，以免碘摄入过量。

扫一扫
看制作视频

罐沙拉就该这样装

芝麻油醋酱→白萝卜→黑木耳→洋葱→海带丝→芹菜→苹果→生菜

泰式银耳沙拉

- 适合症状：孕期厌油腻
- 份量：1～2人份
- 保存时间：冷藏2～4天
- 食用餐具建议：叉子/筷子

材料

❹ 洋葱……80克
❶ 银耳……75克
❸ 芹菜……40克
❺ 黄瓜……90克
❷ 虾仁……80克
❻ 苦菊……30克

做法

1. 虾仁用牙签剔除虾线。
2. 银耳切成小朵；芹菜洗净切段；洋葱洗净切丝；黄瓜洗净切小块；苦菊洗净撕成小片。
3. 锅中注水煮沸，倒入银耳，煮至断生，捞出沥干；放入虾仁，焯煮至断生，捞出，晾凉。

银耳的处理方法

银耳最好用温水泡发，泡发后体积会增大，因此干银耳并不需要称取太多。将泡发的银耳用清水洗去杂质，然后用刀先切去黄色的蒂部，再切成适宜的小朵。

营养成分：

膳食纤维、氨基酸、维生素A、维生素B_6、维生素D、牛磺酸、钙、磷、铁、硒等。

Tips

鱼露本身就有咸味，因此调制酱料时不需要另外加盐。

泰式鱼露酱

❶ 蒜末8克
❷ 红椒末10克
❸ 鱼露3大勺
❹ 柠檬汁3大勺
❺ 白糖1/2大勺

1. 取一小碗，倒入鱼露、柠檬汁，调匀。
2. 放入小红辣椒、蒜末、白糖，拌匀即可。

孕妈妈需要经常换换口味，这道泰式沙拉酸甜爽口、鲜味十足，让人食指大动。孕妈妈适量食用银耳可以提高身体的免疫力，改善体虚状况。银耳中富含的植物性胶质还有滋阴润肺、养颜润肤的作用。虾仁则可提供充足的钙质和优质蛋白。

扫一扫
看制作视频

 罐沙拉就该这样装

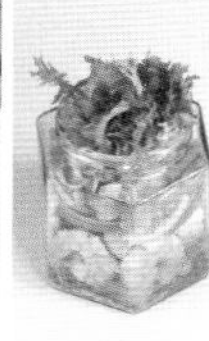

泰式鱼露酱→银耳→虾仁→黄瓜→洋葱→芹菜→苦菊

菠菜香菇培根沙拉

- **适合症状：** 孕期缺乏叶酸
- **份量：** 2～3人份
- **保存时间：** 冷藏3～5天
- **食用餐具建议：** 叉子/筷子

材料

❶ 菠菜……80克
❷ 香菇……4朵
❸ 核桃……30克
❹ 圣女果……70克
❺ 紫甘蓝……130克
❻ 培根……140克
❼ 鹌鹑蛋……60克

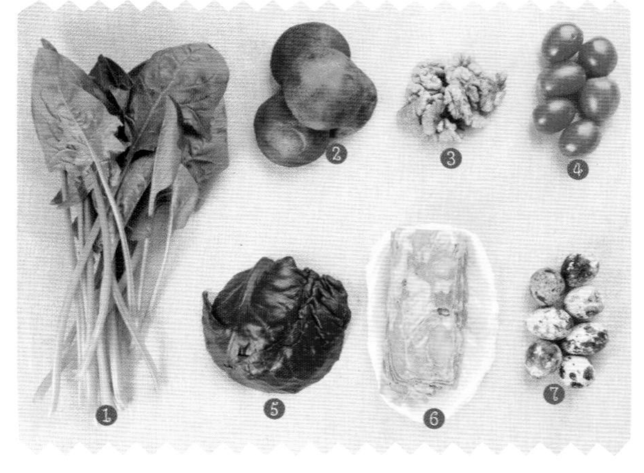

营养成分：

蛋白质、脂肪、膳食纤维、卵磷脂、叶酸、维生素B_3、维生素C、花青素、钙、磷、铁等。

Tips

用橄榄油煎培根，不仅更美味，而且更营养。

做法

1. 菠菜洗净切段；紫甘蓝洗净切丝；培根切片；圣女果、鹌鹑蛋对半切开；香菇洗净切片；核桃掰成小块。
2. 平底锅注油烧热，放入培根，煎至微焦，盛出晾凉；香菇、菠菜分别焯水，捞出，晾凉。

蚝油沙拉酱

❶ 沙拉酱2大勺
❷ 蒜蓉辣酱1小勺
❸ 蚝油1小勺
❹ 花生酱1/2大勺

取一小碗，放入蚝油、沙拉酱、蒜蓉辣酱、花生酱，拌匀即可。

自制简易蒜蓉辣酱

蒜蓉辣酱的蒜香浓郁、辣味十足，是美味的佐餐酱料。如果家里没有蒜蓉辣酱，也可以自己做出简易的版本，将蒜蓉、辣椒油混合，再加些黄豆酱即可。

补充叶酸是孕妈妈需要持之以恒的『任务』，以防止胎儿出现神经管畸形等发育不良的现象。很多食物中都含有叶酸，尤其是菠菜，叶酸最早就是从菠菜中提取的哦！此外，香菇、核桃也是补充叶酸的优质食材。

扫一扫
看制作视频

罐沙拉就该这样装

蚝油沙拉酱→培根→鹌鹑蛋→香菇→紫甘蓝→圣女果→菠菜→核桃

杏鲍菇土豆沙拉

材料

❶ 小白菜……120克
❷ 土豆……1个
❸ 杏鲍菇……130克
❹ 胡萝卜……120克
❺ 甜玉米粒（罐头）50克

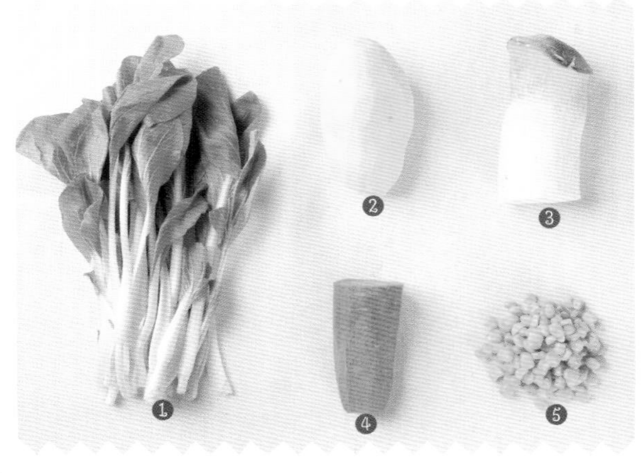

做法

1 杏鲍菇切菱形块；土豆、胡萝卜切小块；小白菜切3段。

2 锅中注水煮沸，将杏鲍菇、土豆、小白菜分别焯煮，捞出沥干，晾凉。

3 取甜玉米粒备用。

用擀面杖做花生碎

将花生磨碎再拌入酱料中，能使酱料香味十足、营养丰富。如果没有干磨机，可以将花生放在一个塑料袋中，用擀面杖碾碎，多碾压几次，就会变得很碎。

▶ **适合症状：** 孕期缺乏叶酸
▶ **份量：** 2～3人份
▶ **保存时间：** 冷藏3～5天
▶ **食用餐具建议：** 叉子/勺子

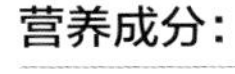

营养成分：

碳水化合物、氨基酸、膳食纤维、叶酸、胡萝卜素、维生素A、维生素C、维生素E等。

Tips

小白菜短时间焯一下水即可，煮得过于软烂会影响口感。

花生沙拉酱

❶ 酱油1大勺
❷ 柠檬汁1.5大勺
❸ 香油1小勺
❹ 熟花生35克
❺ 洋葱末18克
❻ 白糖4克

1 熟花生用搅拌机磨碎。

2 取一小碗，倒入酱油、柠檬汁，放入熟花生碎、洋葱末、白糖，拌匀。

3 倒入香油，调匀即可。

杏鲍菇营养丰富，富含蛋白质、碳水化合物、维生素及钙、镁、铜、锌等矿物质，可以帮助孕妈妈提高免疫力、降低血脂、润肠通便、润肤美容，而且富含叶酸。搭配土豆一起食用，营养更加倍，帮孕妈妈度过一个健康又美丽的孕期。

罐沙拉就该这样装

花生沙拉酱→土豆→杏鲍菇→胡萝卜→甜玉米粒→小白菜

海参黑五宝沙拉

- **适合症状：**孕期钙铁不足
- **份量：**1~2人份
- **保存时间：**冷藏2~3天
- **食用餐具建议：**叉子/勺子

材料

❶ 水发腐竹……75克
❷ 黑木耳……50克
❸ 紫菜……3克
❹ 海参…………1条
❺ 水发黑豆……40克
❻ 海带结……60克
❼ 芥菜……60克

做法

1. 海参煮熟，捞出，在冷水中浸泡一会儿，取出切成小段。
2. 腐竹泡发后切成小段；芥菜切成段。
3. 黑木耳、海带结、黑豆、腐竹、芥菜、紫菜焯煮至断生，捞出，晾凉。

焯煮海参有诀窍

如果喜欢有韧性的口感，焯煮的时间可以短一些；如果喜欢软糯口感，可以多煮一会儿。焯水后将海参放在冷水中浸泡一会儿，吃起来更有弹性。

营养成分：

蛋白质、脂肪、碳水化合物、膳食纤维、海带多糖、B族维生素、维生素D、钙、磷、铁等。

Tips

将虾皮剁碎，再放入酱汁中，吃起来鲜味更足。

虾皮芝麻酱

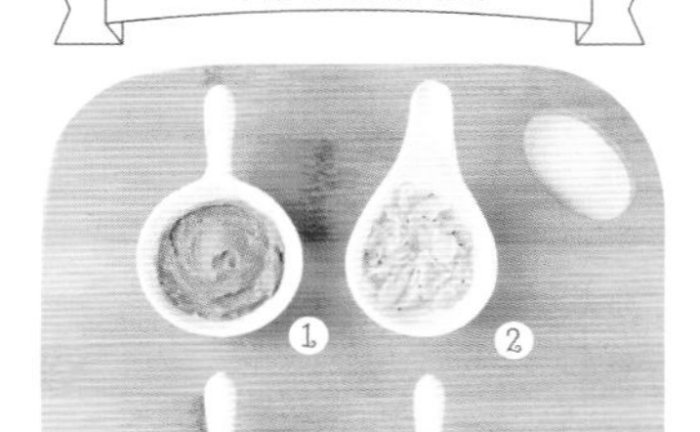

❶ 芝麻酱1.5大勺
❷ 虾皮4克
❸ 酱油1.5大勺
❹ 醋1大勺

1. 取一小碗，放入芝麻酱，倒入酱油、醋，调匀。
2. 放入虾皮，拌匀即可。

俗话说『逢黑必补』，孕期适当吃些黑色食材，对滋补身体大有裨益。海参是阴阳双补的食材，其所含的黏蛋白及多糖成分可促进造血功能、延缓衰老、滋养肌肤、修补受损组织。黑豆的补肾功效很好，可弥补身体损耗。紫菜则富含钙、铁、碘等矿物质。

罐沙拉就该这样装

虾皮芝麻酱→黑木耳→腐竹→海参→黑豆→海带结→芥菜→紫菜

猪肝红枣桂圆沙拉

- **适合症状：** 孕期钙铁不足
- **份量：** 1~2人份
- **保存时间：** 冷藏2~3天
- **食用餐具建议：** 勺子/筷子

材料

❶ 红腰豆（罐头）100克
❷ 花生……35克
❸ 红枣……70克
❹ 猪肝……120克
❺ 黑芝麻……2.5克
❻ 桂圆肉……100克
❼ 菠菜……60克

做法

1. 猪肝切片；红枣切开，去核，再切成小块。
2. 锅中注水煮沸，将猪肝、菠菜分别焯煮至断生，捞出沥干，晾凉。
3. 取红腰豆、桂圆肉、黑芝麻、花生备用。

猪肝务必洗净血污

在猪肝残留的血液中，或多或少存在着毒素。因此，买回来的猪肝一定要洗净血污，最好先用流水冲洗几分钟，然后放入清水中浸泡1~2个小时。

营养成分：

蛋白质、脂肪、碳水化合物、膳食纤维、维生素A、维生素C、叶酸、钙、铁、锌等。

Tips

如果买不到新鲜的桂圆肉，用泡软的干桂圆肉代替。

家常鲜香酱

❶ 酱油1大勺
❷ 醋1大勺
❸ 料酒1大勺
❹ 香油1小勺
❺ 盐4克
❻ 黑胡椒4克
❼ 姜丝7克
❽ 葱花2克

1. 取一小碗，倒入酱油、料酒、醋、盐、黑胡椒，拌匀。
2. 放入姜丝、葱花，倒入香油，调匀即可。

孕妈妈需要的钙、铁量高于普通人，用以满足胎儿生长发育的需要。此外，孕妈妈分娩时也会流失大量的矿物质，所以需要不断地补充。猪肝、红枣、菠菜、红腰豆、黑芝麻都是富含钙、铁的补血佳品，这道沙拉能帮助孕妈妈时刻保持好体力、好气色。

扫一扫
看制作视频

罐沙拉就该这样装

家常鲜香酱→猪肝→红枣→桂圆肉→红腰豆（罐头）→花生→菠菜→黑芝麻

香瓜火龙果沙拉

- 适合症状：孕期食欲下降
- 份量：1~2人份
- 保存时间：冷藏1~2天
- 食用餐具建议：勺子/叉子

材料

❶ 香瓜……380克
❷ 西瓜……300克
❸ 哈密瓜……280克
❹ 火龙果……300克
❺ 红提子……100克
❻ 草莓……80克
❼ 蓝莓……30克

做法

1. 香瓜、西瓜、哈密瓜洗净切小块。
2. 红提子、草莓洗净，对半切开。
3. 火龙果用挖勺挖成小圆球。
4. 蓝莓洗净，沥干，备用。

营养成分：

膳食纤维、碳水化合物、氨基酸、维生素A、维生素C、柠檬酸、葫芦素、花青素等。

Tips

新鲜水果的保鲜期较短，做好后不宜存放太久。

酸奶代替沙拉酱

这道沙拉的食材均为新鲜水果，适合有低脂、要求的人群食用。完全用酸奶来代替沙拉酱，口感同样很好，并且大大降低了脂肪摄入量，避免发胖。

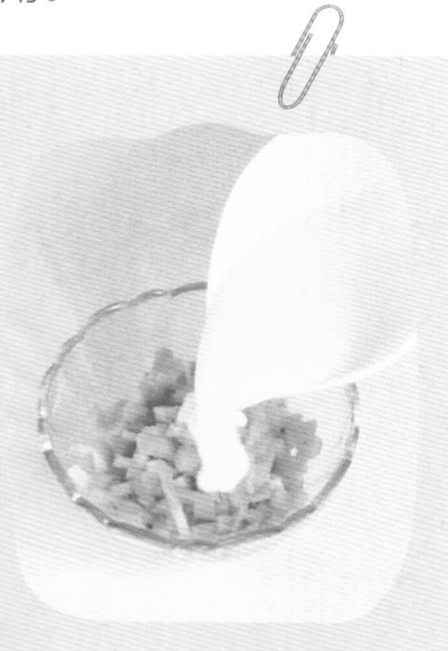

猕猴桃酸奶沙拉酱

❶ 蜂蜜1大勺
❷ 柠檬汁2大勺
❸ 酸奶3大勺
❹ 猕猴桃1/2个

1. 取猕猴桃果肉，切碎。
2. 取一小碗，倒入酸奶、蜂蜜、柠檬汁，调匀。
3. 加入猕猴桃碎，拌匀即可。

由于妊娠反应，孕妈妈可能会出现呕吐、食欲下降等不适，这时，闻一闻或适当食用具有天然香气的食材有助于缓解不适，比如香瓜、哈密瓜、西瓜等。同时，这些水果中富含的矿物质和维生素也有助于缓解孕期不适。

扫一扫
看制作视频

 罐沙拉就该这样装

猕猴桃酸奶沙拉酱→哈密瓜→火龙果→西瓜→香瓜→草莓→红提子→蓝莓

牛油果西柚芒果沙拉

- 适合症状：孕期食欲下降
- 份量：1～2人份
- 保存时间：冷藏1～2天
- 食用餐具建议：叉子/勺子

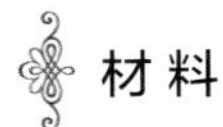

材料

❶ 牛油果……1个
❷ 芒果……1个
❸ 紫甘蓝……90克
❹ 圣女果……90克
❺ 西柚……1/2个
❻ 生菜……25克
❼ 香蕉……1根

做法

1. 牛油果去核、去皮，切成小块；香蕉去皮，切片。
2. 西柚切小块；芒果取肉，切小块。
3. 圣女果对半切开；生菜用手撕成小片。
4. 紫甘蓝切丝备用。

牛油果这样去核

将牛油果纵向对半绕着果核切一刀，双手抓住两边，朝两个方向稍微用劲扭一扭，两边就分开了，其中一边带着果核，将果核挖出，再轻轻将果皮剥去即可。

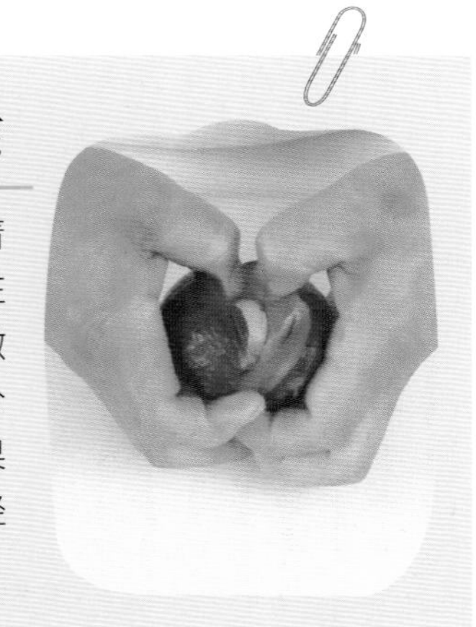

营养成分：

蛋白质、碳水化合物、膳食纤维、不饱和脂肪酸、胡萝卜素、维生素C、维生素E、镁、钙等。

Tips

如果不喜欢过甜的口味，也可以不放蜂蜜。

酸奶沙拉酱

❶ 酸奶3大勺
❷ 蜂蜜1.5大勺
❸ 沙拉酱1大勺

1. 取一小碗，放入沙拉酱，加入酸奶拌匀。
2. 加入蜂蜜，调匀即可。

芒果和西柚具有清新怡人的果香，最适合孕期食欲不佳的准妈妈食用。牛油果虽然是水果，但其能量和营养价值甚至可与肉类相媲美，孕妈妈即使饭量减少，通过这道罐沙拉，也能及时获得所需的能量。

扫一扫
看制作视频

罐沙拉就该这样装

酸奶沙拉酱→芒果→西柚→牛油果→紫甘蓝→香蕉→圣女果→生菜

黄花菜鸡丁沙拉

- **适合症状：** 产前体力不足
- **份量：** 2～3人份
- **保存时间：** 冷藏3～5天
- **食用餐具建议：** 叉子/勺子/筷子

材料

❶ 鸡胸肉……140克　❹ 黄花菜（鲜）……25克
❷ 木耳……70克　❺ 香菇……60克
❸ 香菜……6克　❻ 香葱丝……适量

做法

1. 鸡胸肉切丁，加盐、胡椒、料酒、食用油腌渍；黄花菜摘去芯；香菇切粗丝；香菜切3段；木耳用手撕成小片。
2. 黄花菜、香菇、黑木耳分别焯水；平底锅中注油烧至四成热，将腌好的鸡丁炸至金黄色。
3. 香葱丝适量备用。

鲜黄花菜要去芯

新鲜黄花菜的花粉里含有一种叫做秋水仙碱的化学成分，食用后会引发急性中毒。处理的方法是将鲜黄花菜的花蕊摘掉，然后焯烫一下。

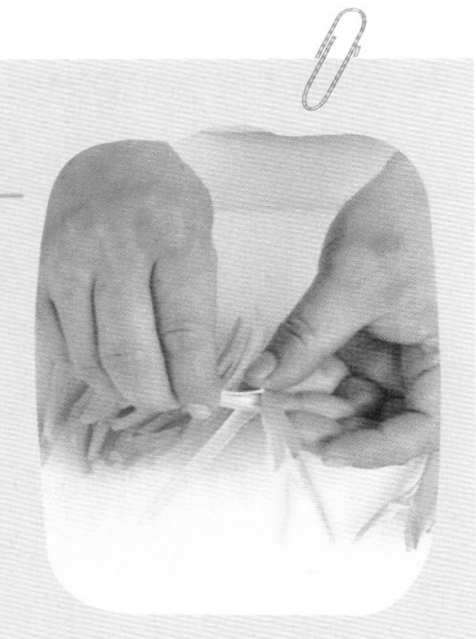

营养成分：

蛋白质、脂肪、碳水化合物、膳食纤维、维生素A、维生素B_2、维生素C、胡萝卜素等。

Tips

用泡发的干黄花菜制作这道罐沙拉，口味也很独特。

糖醋番茄酱

❶ 番茄酱2大勺　❹ 盐2克
❷ 酱油1大勺　❺ 黑胡椒3克
❸ 醋1大勺　❻ 白糖4克

1. 取一小碗，倒入番茄酱、酱油、醋，拌匀。
2. 加入盐、白糖、黑胡椒，拌匀即可。

进入临产期的孕妈妈要开始为分娩『积攒』足够的能量了。但是摄入过多高热量的食物容易导致孕妈妈超重以及胎儿先天肥胖等困扰。鸡肉和香菇既能补充优质营养素，其低脂的特点又不用担心摄入的热量过多，非常适合这一时期的孕妈妈食用。

扫一扫
看制作视频

罐沙拉就该这样装

糖醋番茄酱→鸡丁→香菇→黄花菜→黑木耳→香菜→香葱丝

红豆香蕉沙拉

- **适合症状：**产前体力不足
- **份量：**2～3人份
- **保存时间：**冷藏1～2天
- **食用餐具建议：**勺子/叉子

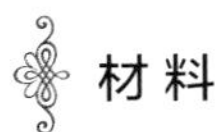

材料

❶ 菠萝……160克
❷ 芒果……1个
❸ 西瓜……400克
❹ 香蕉……1根
❺ 樱桃……90克
❻ 橙子……1个
❼ 红豆……80克

做法

1. 红豆熬煮软烂，捞出沥干，备用。
2. 香蕉切片；芒果、西瓜、菠萝、橙子洗净，切成小块。
3. 樱桃去梗，洗净沥干水分备用。

这样煮红豆不破皮

将洗净的红豆先放进炒锅里，炒上5分钟，关火，盖上锡纸焖一会儿，再加水煮即可。注意炒的时候不要加任何调料。这样煮出来的红豆既不破皮又很松软。

营养成分：

蛋白质、碳水化合物、膳食纤维、维生素B_1、维生素B_2、维生素C、维生素E、铁、锌、硒等。

Tips

红豆用温水泡发，可以缩短泡发时间。

奶香沙拉酱

❶ 牛奶2.5大勺
❷ 沙拉酱1大勺
❸ 蜂蜜1大勺

1. 取一小碗，放入沙拉酱，倒入牛奶，拌匀。
2. 倒入蜂蜜，调匀即可。

香蕉是孕妈妈产前的最佳食品之一，它不仅能让人迅速恢复体力，精力充沛，而且具有润肠通便的作用，可有效防止孕期便秘。此外，香蕉的叶酸含量也比较高。红豆搭配牛奶可以改善孕妈妈主食过于单一的现象，并具有通便利尿的作用。

扫一扫
看制作视频

罐沙拉就该这样装

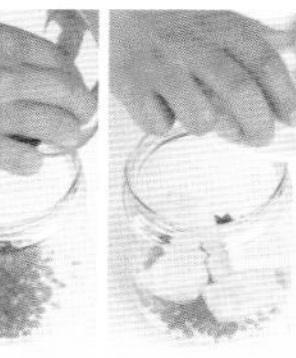

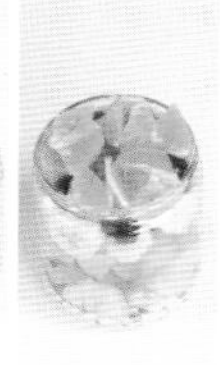

奶香沙拉酱→红豆→菠萝→西瓜→芒果→香蕉→樱桃→橙子

木瓜荔枝沙拉

材料

❶ 猕猴桃……1个
❷ 草莓……70克
❸ 荔枝……230克
❹ 甜杏仁……30克
❺ 木瓜……1/2个
❻ 葡萄……110克

做法

1 木瓜洗净，去皮，切成小块；荔枝剥壳、去核；猕猴桃洗净，去皮，切片。

2 葡萄、草莓洗净，对半切开。

3 取甜杏仁30克备用。

甜中加咸可增鲜

这道沙拉选用的水果味道都偏甜，除了加入酸味的柠檬汁调节味道，还有一个秘诀，就是在甜味沙拉酱中加入少许盐，不仅调节口感，还能突出水果的鲜美。

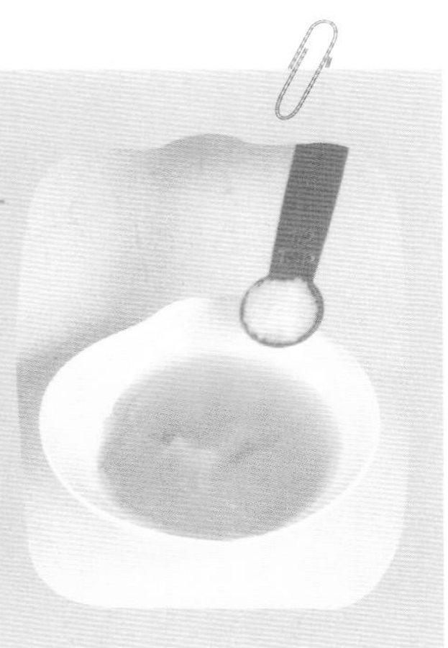

- 适合症状：产后身体虚弱
- 份量：1～2人份
- 保存时间：冷藏1～2天
- 食用餐具建议：勺子/叉子

营养成分：

碳水化合物、色氨酸、赖氨酸、木瓜蛋白酶、胡萝卜素、B族维生素、维生素C、钙、磷等。

Tips

剥出来的荔枝肉如果太大，可以切成小块之后再装罐。

增鲜沙拉酱

❶ 沙拉酱2大勺
❷ 蜂蜜1大勺
❸ 柠檬汁1.5大勺
❹ 盐3克

1 取一小碗，放入沙拉酱，加入蜂蜜，拌匀。

2 倒入柠檬汁，加入少许盐，调匀即可。

荔枝可以快速改善身体虚弱乏力，其清香的味道也非常惹人喜爱。搭配葡萄、猕猴桃等微酸的水果一起食用，可以避免口感过于甜腻及摄入过多的糖分。杏仁富含不饱和脂肪酸，还可以改善身体的微循环，使人精力更加充沛。

扫一扫
看制作视频

罐沙拉就该这样装

增鲜沙拉酱→木瓜→荔枝→葡萄→猕猴桃→草莓→甜杏仁

鸡肉糯米饭沙拉

材料

❶ 生菜……40克
❷ 黄灯笼椒……1个
❸ 糯米饭……160克
❹ 紫甘蓝……90克
❺ 黄瓜……90克
❻ 鸡腿……1个

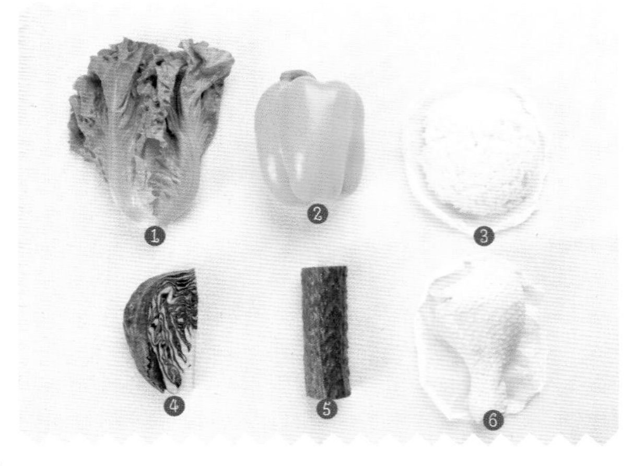

做法

1 鸡腿剔骨取肉，用盐、料酒、胡椒腌渍10分钟，入蒸锅蒸熟，取出晾凉后撕成小块。

2 黄瓜洗净切丝；黄灯笼椒洗净，切小块；紫甘蓝洗净切丝；生菜洗净，用手撕成小片。

3 取糯米饭160克备用。

鸡腿肉尽量蒸熟软

肉类蒸熟比煮熟更能锁住营养，因此味道更加鲜美。蒸鸡腿时最好蒸得软烂一些，方便撕开。另外，撕鸡肉时顺着肉的纹理会比较好撕。

- **适合症状：**产后身体虚弱
- **份量：**1～2人份
- **保存时间：**冷藏2～4天
- **食用餐具建议：**勺子/筷子

营养成分：

碳水化合物、蛋白质、脂肪、维生素A、维生素C、膳食纤维、钙、钾、钠等。

Tips

煮糯米饭时可以放一半糯米，一半大米，煮出来不会太黏。

鸡肉饭葱油酱

❶ 橄榄油1大勺
❷ 酱油1.5大勺
❸ 葱末1大勺
❹ 蒜末1/2大勺
❺ 姜末1小勺
❻ 盐4克

1 平底锅中放入橄榄油烧热，倒入葱末、姜末、蒜末，爆香。

2 加入酱油、盐，快速拌匀起锅即可。

糯米很适合产妇食用，它对产后脾胃虚寒所致的反胃、食欲减少和气虚引起的虚寒、气短无力等不适症状都有缓解作用。但糯米一次不宜食用过多。糯米搭配富含蛋白质的鸡肉，以及富含维生素、矿物质的新鲜蔬菜一起食用，营养更加均衡。

扫一扫
看制作视频

罐沙拉就该这样装

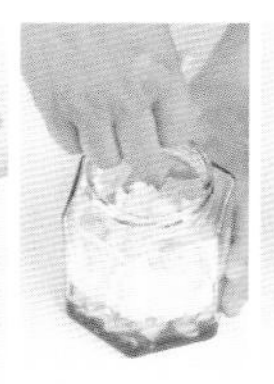

鸡肉饭葱油酱→鸡腿肉→糯米饭→黄瓜→黄灯笼椒→紫甘蓝→生菜

Part 5

一罐沙拉，简单爱长辈、爱家人

别以为罐沙拉只是年轻人的“专利”，它也非常适合家里的长辈食用哦！有些长辈患有高脂血症、高血压、痛风、习惯性便秘等慢性疾病，需要长期忌口，那么为他们制作一罐低脂、低盐、低嘌呤、富含膳食纤维的美味罐沙拉，就再合适不过了。老年人食用南瓜、山药可养胃益肾，食用茄子、坚果可通便抗衰，食用菌菇类、橄榄油可增强免疫力，食用芹菜、海带可降压降脂……还等什么，快来做一罐沙拉送给家里的长辈吧！

全麦面包鲜蔬沙拉

▶ **适合症状：** 高血脂
▶ **份量：** 2~3人份
▶ **保存时间：** 冷藏3~5天
▶ **食用餐具建议：** 叉子/筷子

材料

❶ 苦菊……30克
❷ 紫甘蓝……150克
❸ 核桃……20克
❹ 全麦面包……1片
❺ 圣女果……70克
❻ 鹌鹑蛋……60克
❼ 甜玉米粒（罐头）45克

做法

1 全麦面包放入平底锅中，烤至两面脆黄，晾凉后切成小方丁。

2 煮熟的鹌鹑蛋对半切开；圣女果洗净，对半切开；紫甘蓝洗净，切丝。

3 苦菊切小段，核桃掰小块备用。

控制脂肪摄入量

这道沙拉选用的食材都是低脂健康食品，适合需要低脂饮食者食用。如果需要严格控制脂肪摄入量，可以不放沙拉酱，完全用酸奶代替。

营养成分：

碳水化合物、蛋白质、不饱和脂肪酸、卵磷脂、维生素C、维生素E、膳食纤维等。

Tips

全麦面包低脂健康，口感又不会过硬，适合长辈食用。

低脂沙拉酱

❶ 橄榄油1大勺
❷ 酸奶2大勺
❸ 蒜末5克
❹ 盐3克
❺ 沙拉酱1小勺
❻ 黑胡椒4克

1 取一小碗，放入蒜末、酸奶、沙拉酱、橄榄油，调匀。

2 放入盐、黑胡椒，拌匀即可。

全麦面包非常适合血脂偏高的长辈食用，和各种新鲜蔬菜一起做成的这道罐沙拉既营养丰富又低脂健康。玉米、核桃中含有大量维生素E和不饱和脂肪酸，具有降低血清胆固醇的作用。苦菊具有清热祛火、抗菌消炎的作用，降血脂功效也非常不错。

扫一扫
看制作视频

罐沙拉就该这样装

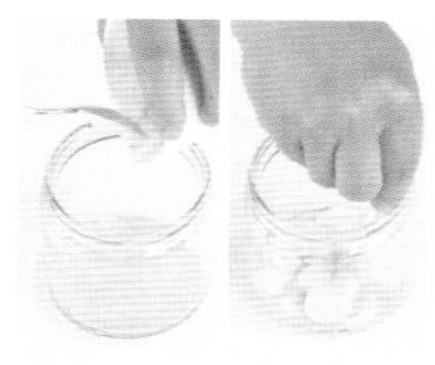
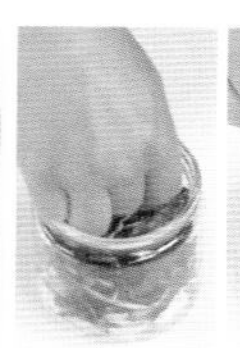

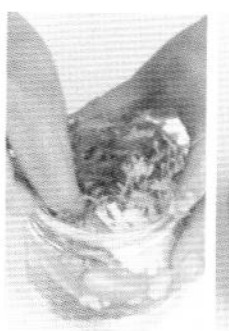

低脂沙拉酱→鹌鹑蛋→紫甘蓝→甜玉米粒→圣女果→全麦面包→苦菊→核桃

四季豆橄榄菜荞麦面沙拉

- **适合症状：**高血脂
- **份量：**2～3人份
- **保存时间：**冷藏3～5天
- **食用餐具建议：**筷子/叉子

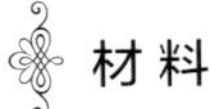

材料

❶ 豆皮……80克
❷ 四季豆……90克
❸ 鸡蛋……1个
❹ 黄瓜……80克
❺ 荞麦面……60克

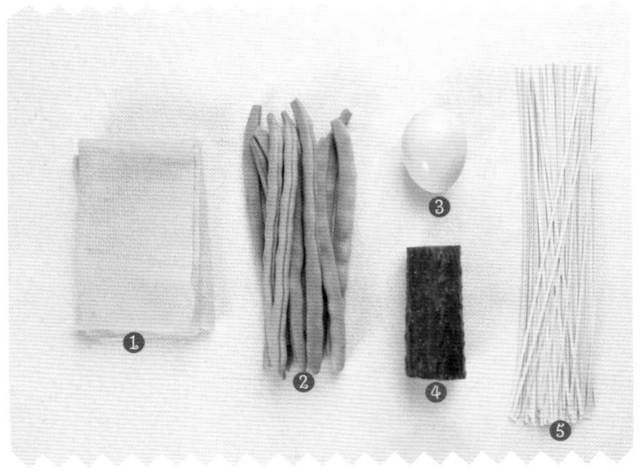

做法

1. 四季豆切成小段；黄瓜、豆皮洗净切丝。
2. 锅中注水煮沸，将四季豆、豆皮丝分别焯煮至断生，捞出沥干，晾凉；下入荞麦面煮熟，捞出过凉水，沥干待用。
3. 鸡蛋打成蛋液，倒入平底锅煎成蛋皮，晾凉后切成丝。

四季豆要煮熟

四季豆中含有两种毒素：皂苷和血球凝集素，但这两种毒素是可以去除的，只要加热至100℃以上，其毒素就会被破坏。因此焯煮四季豆时一定要煮熟透。

营养成分：

碳水化合物、蛋白质、膳食纤维、胡萝卜素、维生素A、维生素C、钙、铁、锌、镁等。

Tips

煎蛋皮丝时，先在锅底刷一层薄油，再倒入蛋液，不会粘锅。

橄榄菜油醋酱

❶ 香油1小勺
❷ 醋1大勺
❸ 橄榄菜20克
❹ 盐3克

1. 取一小碗，放入醋、香油，调匀。
2. 放入盐、橄榄菜，拌匀即可。

荞麦面的脂肪含量极低，并且含有亚油酸、烟酸、芦丁，它们在人体中起着降低血脂和血清胆固醇的作用。这道沙拉清爽可口，营养丰富，尤其适合对健康要求较高的长辈食用。

罐沙拉就该这样装

橄榄菜油醋酱→四季豆→豆皮丝→蛋皮丝→荞麦面→黄瓜

杏鲍菇南瓜沙拉

- 适合症状：高血压
- 份量：1～2人份
- 保存时间：冷藏3～5天
- 食用餐具建议：勺子/叉子

材料

❶ 圣女果……60克
❷ 黄瓜……70克
❸ 胡萝卜……40克
❹ 豌豆……80克
❺ 南瓜……130克
❻ 熟黑芝麻……1小勺
❼ 杏鲍菇……130克

做法

1 杏鲍菇切小片；南瓜切小丁；胡萝卜切细丝；黄瓜切片；圣女果对半切开。

2 锅中注水煮沸，将杏鲍菇、豌豆、南瓜丁分别焯煮至断生，捞出沥干，晾凉。

3 取熟黑芝麻1小勺备用。

低盐酱料更健康

这道沙拉的酱料中没有加盐，酸香的味道同样能满足味蕾，适合需要忌口的人食用。如果不需要忌口，可适量加盐。

营养成分：

蛋白质、膳食纤维、维生素A、维生素C、胡萝卜素、番茄红素、亚油酸、卵磷脂、钾、铁等。

Tips

如果为长辈制作这道罐沙拉，最好将胡萝卜焯煮软烂一些。

无盐橄榄油醋酱

❶ 橄榄油2大勺
❷ 香醋1大勺
❸ 柠檬汁1小勺
❹ 黑胡椒4克

1 取一小碗，倒入香醋、柠檬汁、橄榄油，调匀。

2 加入黑胡椒，调匀即可。

这道沙拉不含盐分，尤其适合高血压患者食用。杏鲍菇有助于祛脂降压、软化血管；南瓜富含维生素和矿物质，在降压的同时能够补中益气；豌豆是高钾低钠食品，对控制血压非常有益。

扫一扫
看制作视频

罐沙拉就该这样装

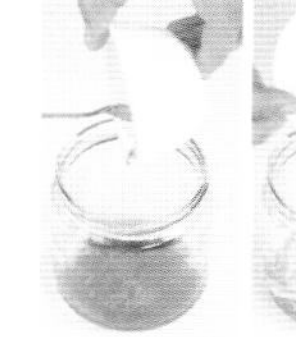

无盐橄榄油醋酱→杏鲍菇→南瓜→豌豆→圣女果→黄瓜→胡萝卜→黑芝麻

嫩芹菜洋葱马蹄沙拉

材料

❶ 生菜……1片
❷ 洋葱……1/4个
❸ 嫩芹菜……1根
❹ 圣女果……3颗
❺ 甜玉米粒（罐头）2大勺
❻ 紫甘蓝……50克
❼ 马蹄……50克

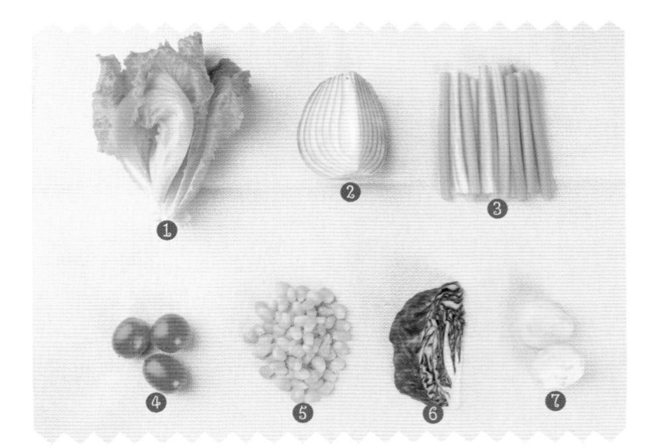

做法

1. 嫩芹菜切段；洋葱自己切粒；马蹄洗净切块。
2. 紫甘蓝切丝；圣女果对半切开；生菜撕成片。
3. 锅中注水煮沸，放入嫩芹菜，焯煮至断生，捞出，晾凉。
4. 取甜玉米粒2大勺备用。

美味还需看刀工

要想做出来的沙拉更加爽口诱人，材料的切法也很重要，不能切得太碎，会影响口感，也不能切得太大，不便装罐，应根据取食的需要切成最适宜的大小。

- **适合症状：** 高血压
- **份量：** 2~3人份
- **保存时间：** 冷藏3~5天
- **食用餐具建议：** 勺子/叉子

营养成分：

蛋白质、膳食纤维、碳水化合物、胡萝卜素、B族维生素、维生素C、维生素E、花青素等。

Tips

若喜爱酸爽口味，在此沙拉中加入酸黄瓜或许能让您更惊喜。

千岛酱

❶ 沙拉酱2大勺
❷ 番茄酱1小勺
❸ 水煮蛋1/2个

1. 取一小碗，放入沙拉酱、番茄酱，拌匀。
2. 将水煮蛋剁碎，放入已拌好的酱中，拌匀即可。

这道沙拉选用的原料，不仅能使口感层次丰富，而且具有极佳的降压作用，尤其是其中的芹菜、洋葱、马蹄，它们可是高血压患者必吃的『降压三宝』哦！需要控制食盐摄入量的朋友，可以将新鲜的西红柿煮熟、压碎，代替番茄酱，更加有益健康。

扫一扫
看制作视频

罐沙拉就该这样装

千岛酱→嫩芹菜→洋葱→甜玉米→紫甘蓝→马蹄→圣女果→生菜

橙子猕猴桃沙拉

▶ **适合症状：** 痛风

▶ **份量：** 1～2人份

▶ **保存时间：** 冷藏1～2天

▶ **食用餐具建议：** 叉子/勺子

材料

❶ 生菜……20克
❷ 橙子……1个
❸ 红灯笼椒……70克
❹ 胡萝卜……85克
❺ 猕猴桃……1个
❻ 洋葱……80克

做法

1 猕猴桃、橙子、胡萝卜洗净，切小块。

2 红灯笼椒、洋葱洗净，切丝。

3 生菜洗净，用手撕成小片。

西红柿切小一些

西红柿是制作墨西哥风味莎莎酱的主要食材，在切西红柿丁的时候可以尽量切得小一些，这样更容易拌匀。将做好的莎莎酱放进冰箱冷藏1小时风味更佳。

营养成分：

膳食纤维、维生素A、维生素C、维生素E、蒜素、胡萝卜素、钙、磷、铁等。

Tips

酱料中有洋葱丁，如果吃不惯辛辣口味，可不再放黑胡椒。

番茄莎莎酱

❶ 柠檬汁1大勺
❷ 橄榄油1大勺
❸ 西红柿丁2大勺
❹ 盐1/4小勺
❺ 黑胡椒1/2小勺
❻ 蒜末1/2小勺
❼ 洋葱丁1大勺
❽ 香菜末少许

1 取一小碗，放入西红柿丁、洋葱丁、蒜末、香菜末，倒入橄榄油、柠檬汁，拌匀。

2 加入盐、黑胡椒，拌匀即可。

痛风患者要避免食用嘌呤含量高的食材，如海鲜、肉汤、蘑菇等。这道罐沙拉选择的食材嘌呤含量都比较低，酱料也是口感清爽的墨西哥风味莎莎酱，痛风患者可放心食用。

罐沙拉就该这样装

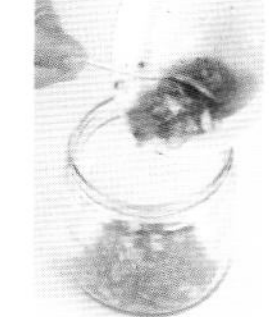    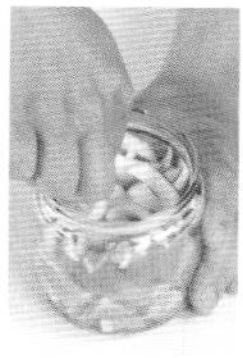  

番茄莎莎酱→猕猴桃→橙子→红灯笼椒→洋葱→胡萝卜→生菜

红白萝卜黄瓜沙拉

▶ **适合症状：** 痛风

▶ **份量：** 1~2人份

▶ **保存时间：** 冷藏3~5天

▶ **食用餐具建议：** 叉子/勺子

材料

❶ 紫甘蓝……100克

❷ 黄瓜……75克

❸ 生菜……25克

❹ 白萝卜……160克

❺ 樱桃萝卜……5个

❻ 圣女果……40克

做法

1 樱桃萝卜对半切开；白萝卜切小块。

2 黄瓜洗净切片；紫甘蓝洗净切丝；圣女果洗净，对半切开；生菜洗净，用手撕成小片。

巧用香菜末增味

这道沙拉的酱汁含盐量低，适合需要忌口的人食用。如果觉得味道太淡，可以加入少许香菜末，来提升酱汁的整体口感。

营养成分：

膳食纤维、芥子油、淀粉酶、木质素、维生素C、维生素E、钾、钠、磷、锌等。

Tips

酱汁中多放些醋，可令萝卜的口感更佳。

❶ 香醋1.5大勺

❷ 香油1小勺

❸ 盐1/2小勺

❹ 白糖1大勺

1 取一小碗，倒入香醋、香油，拌匀。

2 加入白糖、盐，拌匀即可。

研究表明，痛风的发生与体内酶的缺失与代谢异常有关，而樱桃萝卜具有超强的促进肝、肾代谢的功能，可补充肝脏内的转移酶，有效纠正嘌呤代谢紊乱，调节尿酸，缓解并消除痛风发作处的炎症。这道沙拉以樱桃萝卜为主料，非常适合痛风患者食用。

扫一扫
看制作视频

罐沙拉就该这样装

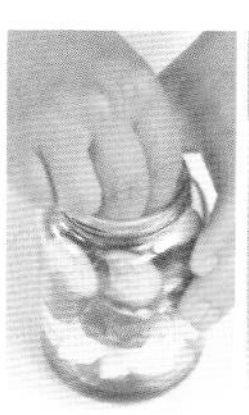
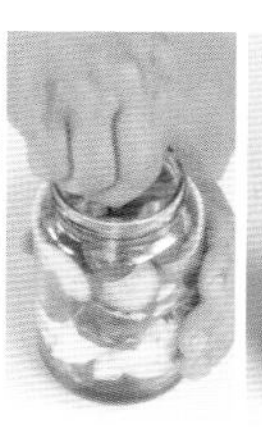

简易油醋汁→樱桃萝卜→白萝卜→紫甘蓝→黄瓜→圣女果→生菜

XO酱鲜虾乌冬面沙拉

材料

❶ 蟹柳……60克
❷ 油菜……100克
❸ 大虾仁……90克
❹ 鸡蛋……1个
❺ 荷兰豆……80克
❻ 乌冬面……130克

做法

1 油菜切去根部，再切散；煮熟的鸡蛋对半切开；蟹柳切段；虾仁用牙签剔除虾线。

2 锅中注水煮沸，将荷兰豆、油菜、蟹柳、虾仁分别焯煮至断生，捞出；将乌冬面下入沸水中，轻轻搅匀，煮熟后捞出，过一遍凉水。

让乌冬面变劲道

乌冬面很容易煮熟，不需要煮太久，以免煮烂。将煮好的乌冬面立即过一遍凉水，吃起来会更劲道。

- **适合症状：**更年期不适
- **份量：**1～2人份
- **保存时间：**冷藏2～3天
- **食用餐具建议：**叉子/筷子

营养成分：

碳水化合物、膳食纤维、蛋白质、脂肪、卵磷脂、牛磺酸、维生素C、维生素E、钙、锌等。

Tips

口味偏重的人可多放些XO酱，海鲜味更足。

橄榄油XO酱

❶ XO酱1.5大勺
❷ 橄榄油2大勺
❸ 黑胡椒4克
❹ 香菜5克

1 香菜切碎。

2 取一小碗，放入XO酱、橄榄油，调匀。

3 加入黑胡椒、香菜碎，拌匀即可。

女性更年期会出现阵发性面部发红、盗汗、心悸、失眠、情绪烦躁不稳、易激怒以及疲倦乏力等症状。这是由于体内激素水平等多种因素综合作用的结果，因此通过每日的饮食调养对缓解症状非常有益。更年期女性可多吃清淡的鱼虾等食物，少吃油腻食品。

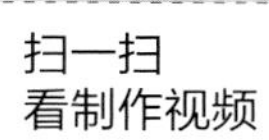

扫一扫
看制作视频

罐沙拉就该这样装

橄榄油XO酱→虾仁→乌冬面→荷兰豆→鸡蛋→蟹柳→油菜

豆腐凤尾鱼沙拉

- **适合症状：**更年期不适
- **份量：**2～3人份
- **保存时间：**冷藏3～4天
- **食用餐具建议：**叉子/筷子/勺子

材料

❶ 豆腐……110克
❷ 开心果……30克
❸ 凤尾鱼（罐头）50克
❹ 西红柿……1个
❺ 油菜……120克
❻ 海带丝……75克

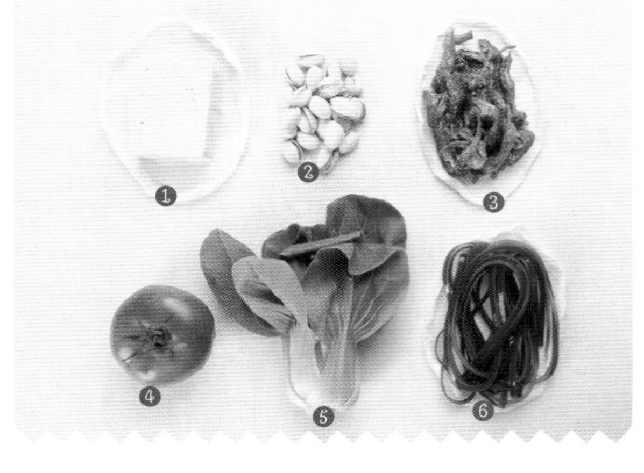

营养成分：

蛋白质、不饱和脂肪酸、碳水化合物、膳食纤维、维生素A、维生素C、维生素E、钙、铁、锌等。

Tips

制作这道沙拉最好选择质地偏硬的老豆腐，不容易压碎。

做法

1. 海带丝切小段；豆腐切小块；西红柿切瓣。
2. 开心果剥去果壳；油菜切开。
3. 锅中注水煮沸，将油菜、海带丝、豆腐分别焯煮至断生，捞出沥干，晾凉。
4. 取凤尾鱼50克备用。

香葱配豆腐美味

这道沙拉的主料是豆腐，酱汁选用了传统的中式风味，如果喜欢香葱的味道，不妨在调好的酱汁中加入少许香葱末，搭配豆腐食用更佳鲜美。

料酒油醋酱

❶ 酱油1大勺
❷ 醋1大勺
❸ 料酒1大勺
❹ 香油1小勺
❺ 白糖1小勺

1. 取一小碗，倒入酱油、醋、料酒、香油，调匀。
2. 倒入白糖，拌匀至白糖溶化即可。

更年期女性需要注意雌激素水平，如果雌激素太低就容易引起不适。豆腐中含有的异黄酮在体内可以起到雌激素的作用，因此适量食用豆腐对于缓解更年期不适非常有益。凤尾鱼等海产品中的不饱和脂肪酸对于更年期不适也具有一定的调节作用。

扫一扫
看制作视频

罐沙拉就该这样装

料酒油醋酱→豆腐→凤尾鱼→西红柿→海带丝→油菜→开心果

山药红薯沙拉

▶ **适合症状：**习惯性便秘

▶ **份量：**1～2人份

▶ **保存时间：**冷藏2～4天

▶ **食用餐具建议：**叉子/勺子

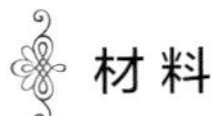

材料

❶ 水发木耳……40克
❷ 蓝莓……40克
❸ 葡萄干……30克
❹ 山药……240克
❺ 红薯……220克
❻ 西芹……30克

做法

1 木耳洗净，撕成小朵；山药洗净，切菱形块；红薯洗净，切小块。

2 西芹洗净切段。

3 蓝莓、葡萄干洗净，沥干水分备用。

山药浸泡防变黑

削了皮的山药在空气中非常容易氧化发黑，所以山药削皮后如果不马上使用，要立即放入加了白醋的清水中，防止其在空气中被氧化。

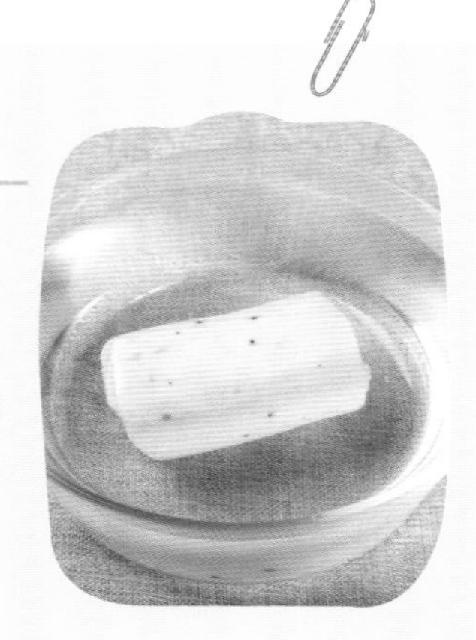

营养成分：

碳水化合物、膳食纤维、蛋白质、胡萝卜素、维生素B_1、维生素C、花青素、钙等。

Tips

蓝莓酱与山药的口味很搭，加入沙拉酱和酸奶更添爽滑。

蓝莓沙拉酱

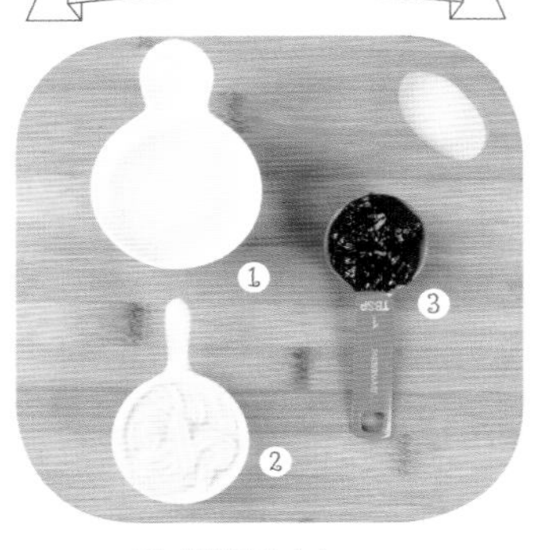

❶ 酸奶3大勺
❷ 沙拉酱2大勺
❸ 蓝莓果酱1大勺

1 取一小碗，倒入沙拉酱、酸奶、蓝莓果酱。

2 拌匀即可。

习惯性便秘是指长期的、慢性功能性便秘，多发于老年人。补气补虚和补充膳食纤维是改善习惯性便秘的两种食疗方法。这道罐沙拉中的山药、南瓜既能补中益气，又富含膳食纤维，可促进肠道蠕动。此外，木耳、葡萄干、蓝莓也都具有类似的功效。

扫一扫
看制作视频

罐沙拉就该这样装

蓝莓沙拉酱→红薯→山药→木耳→芹菜→葡萄干→蓝莓

南瓜土豆沙拉

- 适合症状：习惯性便秘
- 份量：2～3人份
- 保存时间：冷藏3～5天
- 食用餐具建议：叉子/勺子

材料

1. 紫洋葱……65克
2. 土豆……300克
3. 南瓜……200克
4. 白洋葱……90克
5. 胡萝卜……60克
6. 圣女果……70克
7. 青豆……60克

做法

1. 南瓜、土豆、胡萝卜入蒸锅蒸熟，取出晾凉后切成小丁。
2. 青豆焯煮至断生；白洋葱切丝；紫洋葱切丁；圣女果对半切开。

南瓜蒸食更营养

南瓜、土豆都是营养价值很高的养生食材，蒸食比煮食更能有效地“锁住”食材中的营养成分，保留营养价值。蒸的时候注意，土豆蒸的时间要比南瓜稍长。

营养成分：

碳水化合物、蛋白质、胡萝卜素、膳食纤维、B族维生素、维生素C、钙、铁、磷、硒等。

Tips

咖喱粉可先少放一些，一边尝一边添加，以免口味过重。

咖喱番茄酱

1. 番茄酱2大勺
2. 柠檬汁1大勺
3. 黄芥末酱1小勺
4. 咖喱粉1小勺
5. 盐4克
6. 白糖5克
7. 黑胡椒4克

1. 取一小碗，放入咖喱粉，倒入柠檬汁，搅匀至咖喱粉化开。
2. 倒入番茄酱、黄芥末酱、盐、白糖、黑胡椒，搅匀即可。

土豆、南瓜富含有『体内清道夫』之称的膳食纤维，有很强的吸水性，吸水后可膨胀数倍，使大便变松变软，同时加速肠道的蠕动，减少体内毒素在肠道内分解和停留的时间，不仅能有效缓解便秘，更能预防肠癌等肠道疾病的发生。

扫一扫
看制作视频

罐沙拉就该这样装

咖喱番茄酱→土豆→南瓜→紫洋葱→胡萝卜→青豆→圣女果→白洋葱

果香酥鱼柳沙拉

- **适合症状：**骨质疏松
- **份量：**1～2人份
- **保存时间：**冷藏1～2天
- **食用餐具建议：**筷子/叉子

材料

❶ 黄桃……170克
❷ 菠萝……220克
❸ 面包渣……适量
❹ 橘子……1个
❺ 猕猴桃……1个
❻ 草鱼肉……160克
❼ 木瓜……1/2个

做法

1. 草鱼肉切条，加盐、胡椒粉、料酒、水淀粉、蛋液，腌渍10分钟。
2. 将腌渍好的草鱼裹上面包渣，入油锅炸成金黄色的鱼柳，晾凉备用。
3. 猕猴桃切片；菠萝、黄桃、木瓜、橘子切块。
4. 取面包渣适量备用。

自制果味塔塔酱

塔塔酱酸甜开胃，非常适合搭配煎炸的海鲜类食材，如果加入柠檬、苹果等水果切成的碎丁，更独具果香。此外，也可以根据自己的喜好加入其他水果丁。

营养成分：

蛋白质、碳水化合物、维生素A、B族维生素、维生素C、维生素E、叶酸、钙、钾、铁、锌等。

Tips

炸鱼柳时，油烧至四成热即可，炸至鱼柳呈金黄色时捞出。

果香塔塔酱

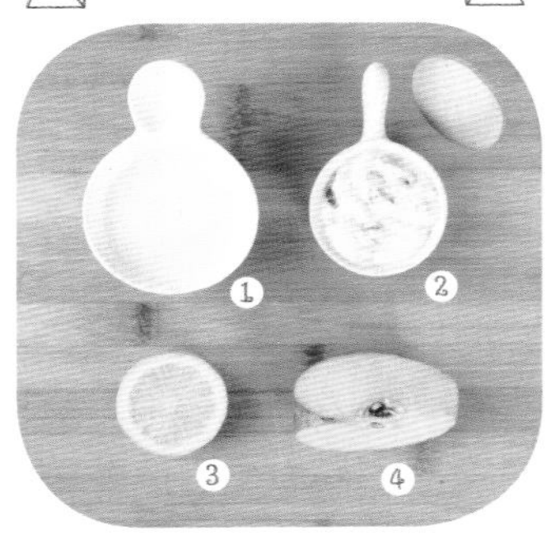

❶ 酸奶3大勺
❷ 塔塔酱2大勺
❸ 柠檬35克
❹ 苹果40克

1. 柠檬、苹果切碎。
2. 取一小碗，放入塔塔酱、酸奶，拌匀。
3. 放入切碎的柠檬、苹果，拌匀即可。

中老年人体内钙质流失的速度会加快，很容易引起骨质疏松，因此多选择富含钙质的食物非常重要。蔬果和鱼类中都含有丰富的钙，搭配食用更能提升口感。

扫一扫
看制作视频

罐沙拉就该这样装

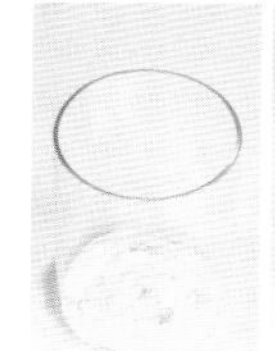
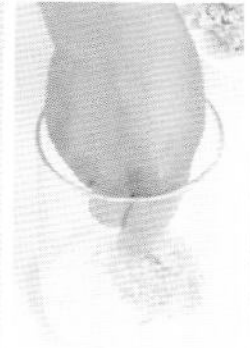
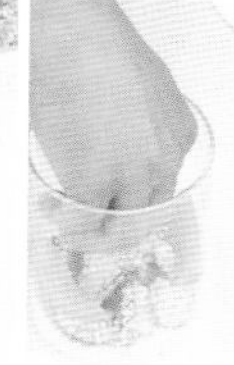

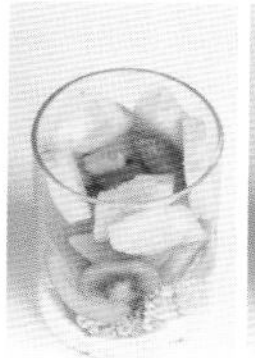

果香塔塔酱→鱼柳→黄桃→猕猴桃→木瓜→菠萝→橘子

黄豆平菇沙拉

- 适合症状：骨质疏松
- 份量：3～4人份
- 保存时间：冷藏3～5天
- 食用餐具建议：勺子/叉子

材料

❶ 生菜……50克
❷ 黄豆……100克
❸ 豌豆……60克
❹ 紫甘蓝……100克
❺ 圣女果……50克
❻ 平菇……90克

营养成分：

蛋白质、碳水化合物、脂肪、卵磷脂、膳食纤维、B族维生素、维生素C、胡萝卜素等。

Tips

豆瓣酱中含有不少盐分，酱料中不需要再另外加盐。

做法

1. 平菇洗净撕成小朵；紫甘蓝洗净切丝。
2. 圣女果洗净，切开；生菜洗净，撕成小片。
3. 锅中注水煮沸，将黄豆、豌豆分别焯煮至熟软，捞出沥干，晾凉。

蒜香豆瓣酱

❶ 豆瓣酱1.5大勺
❷ 橄榄油2大勺
❸ 蒜末4克

1. 平底锅倒入橄榄油烧热，放入蒜末，爆香。
2. 倒入豆瓣酱，炒香即可。

豆瓣酱炒过更香

豆瓣酱用来做中式口味的沙拉非常合适，但需要注意的是，豆瓣酱使用前应用油煸炒一下，其独有的酱香才能被激发出来。加些蒜末一起煸炒口味更佳。

黄豆的营养价值很高，有『豆中之王』的美称；豌豆中的钙含量也非常高。这道沙拉对预防中老年骨质疏松有一定的帮助。此外，黄豆中磷的含量也很丰富，磷对于骨骼和牙齿的构成，以及促进身体器官的修复也起着重要的作用！

罐沙拉就该这样装

蒜香豆瓣酱→黄豆→紫甘蓝→平菇→豌豆→圣女果→生菜

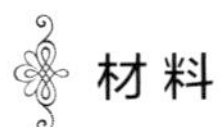

豆芽三文鱼沙拉

- **适合症状：**心脏状况不佳
- **份量：**2～3人份
- **保存时间：**冷藏1～2天
- **食用餐具建议：**叉子/筷子

材料

❶ 西蓝花……60克
❷ 生菜……1片
❸ 三文鱼……140克
❹ 圣女果……3颗
❺ 甜玉米粒（罐头）2大勺
❻ 豆芽……60克

做法

1 三文鱼切成更小的块；圣女果洗净，对半切开；生菜洗净，撕成小片。

2 西蓝花、豆芽焯熟，捞出，晾凉。

3 取甜玉米粒2大勺备用。

隔水加热芝士片

芝士片质地较硬，如何才能拌入酱料中呢？用平底锅加热很麻烦。其实还有更简单的办法，就是把芝士片放在杯子里，然后将杯子放入热水中，隔水进行加热。

营养成分：

蛋白质、碳水化合物、不饱和脂肪酸、膳食纤维、维生素C、维生素E、钙、磷、铁等。

Tips

可以用鲜奶油代替芝士，味道同样鲜美。

酸奶芝士酱

❶ 酸奶3.5大勺
❷ 芝士1片
❸ 蜜豆1.5大勺
❹ 柠檬汁1大勺
❺ 盐3克

1 将平底锅烧热，放入芝士，加热至融化。

2 向溶化的芝士中倒入酸奶、柠檬汁、蜜豆、盐，拌匀即可。

三文鱼不仅新鲜味美，还是养护心脏的最佳食材之一，其富含的ω-3脂肪酸可以阻止血液凝结、减少血管收缩、降低三酸甘油脂等，对心脏、血管特别有益。如果家里有心脏状况不佳的长辈，别忘了经常为他们做些三文鱼沙拉。

扫一扫
看制作视频

罐沙拉就该这样装

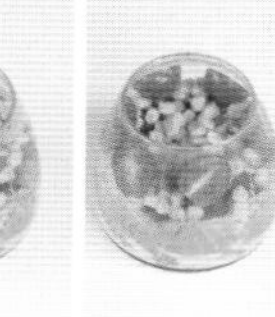
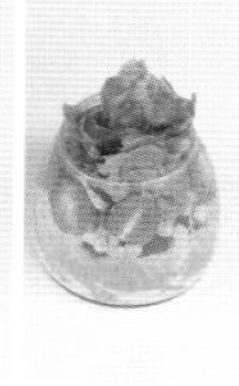

酸奶芝士酱→三文鱼→豆芽→西蓝花→甜玉米粒→圣女果→生菜

茄子松子仁沙拉

- 适合症状：心脏状况不佳
- 份量：1~2人份
- 保存时间：冷藏2~3天
- 食用餐具建议：勺子/叉子

材料

❶ 茄子……150克
❷ 菠菜……50克
❸ 松子仁…20克
❹ 圣女果……60克
❺ 花菜……110克
❻ 香芹……50克

做法

1 茄子切条；菠菜、香芹切段；花菜切小朵；圣女果对半切开。

2 锅中注水煮沸，将茄子、菠菜、香芹、花菜分别焯煮至断生，捞出沥干，晾凉。

3 平底锅注油烧热，放入松子仁，炒香，盛出。

老酸奶可代替希腊酸奶

与一般酸奶相比，老酸奶的口味偏酸，质地黏稠，接近于希腊酸奶，因此在制作沙拉时可作为希腊酸奶的替代品，既具有酸奶的风味，又不会过于甜腻。

营养成分：

碳水化合物、膳食纤维、不饱和脂肪酸、维生素A、维生素E、钙、铁、锌等。

Tips

松子仁很容易炒糊，炒制时应注意观察火候。

老酸奶甜辣酱

❶ 橄榄油2大勺
❷ 柠檬汁1大勺
❸ 蒜蓉7克
❹ 老酸奶1杯
❺ 盐3克
❻ 黑胡椒1/2大勺
❼ 辣椒粉1/2大勺

1 取一小碗，倒入老酸奶、橄榄油、柠檬汁，拌匀。

2 加入蒜蓉、辣椒粉、黑胡椒、盐，拌匀即可。

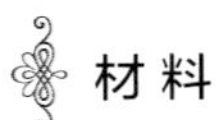

茄子是非常适合中老年人食用的食材，它的膳食纤维含量远远高于很多蔬菜、水果，经常食用可预防便秘的发生；另外，茄子中含有皂苷、维生素P、钾，这三种物质都具有保护血管的作用，可以很好地预防及调理冠心病、动脉硬化等病症。

扫一扫
看制作视频

罐沙拉就该这样装

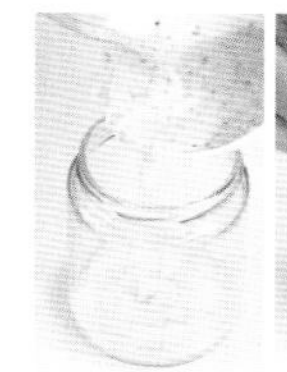      

老酸奶甜辣酱→茄子→香芹→花菜→圣女果→菠菜→松子仁

橄榄油杂菇沙拉

- 适合症状：失眠多梦
- 份量：1~2人份
- 保存时间：冷藏3~5天
- 食用餐具建议：筷子/叉子/勺子

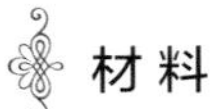

材料

❶ 油菜……150克
❷ 蟹味菇……90克
❸ 香菇……70克
❹ 杏鲍菇……130克
❺ 金针菇……100克
❻ 平菇……70克

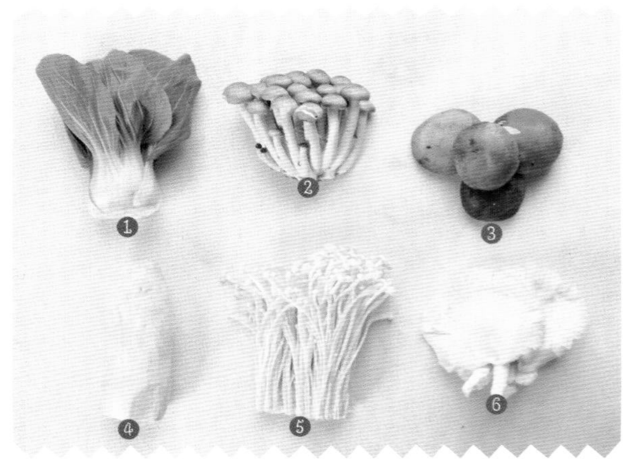

做法

1 香菇去腿，切片；平菇、金针菇、蟹味菇切去根部，撕成适当大小；杏鲍菇切片；油菜切开。

2 锅中注水煮沸，下入油菜焯煮至断生，捞出沥干，晾凉。

3 将所有的蘑菇分别焯煮至断生，捞出沥干，晾凉。

菌菇搭配水果

菌菇类食材中含有丰富的植物蛋白，经常食用可以增强机体的免疫力，搭配一小碟富含维生素、矿物质的水果一起食用，营养更丰富。

营养成分：

蛋白质、碳水化合物、膳食纤维、维生素A、维生素B_1、维生素D、钙、磷、铁、锌等。

Tips

如果肠胃不好，可以少放些芥末酱，以免刺激肠胃。

杂菇油醋酱

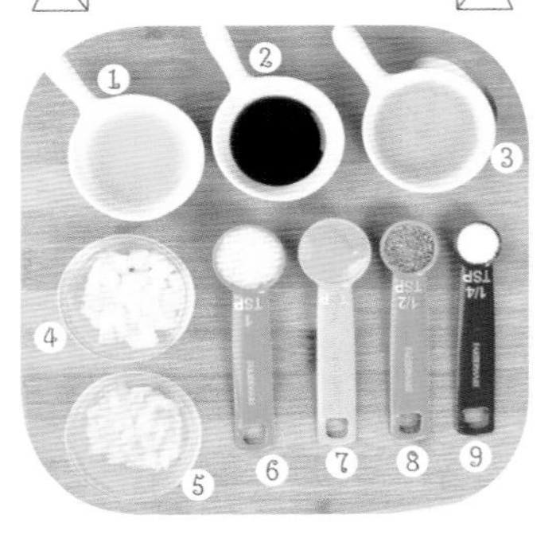

❶ 柠檬汁1大勺
❷ 醋1大勺
❸ 橄榄油2大勺
❹ 洋葱碎10克
❺ 蒜泥8克
❻ 白糖5克
❼ 黄芥末酱1小勺
❽ 黑胡椒4克
❾ 盐3克

1 取一小碗，倒入黄芥末酱、醋、柠檬汁、橄榄油，拌匀。

2 加入洋葱碎、蒜泥、盐、黑胡椒、白糖，拌匀即可。

菌菇类食材大多是『抗癌明星』，比如金针菇、香菇、平菇等，它们具有其他食材无法比拟的先天优势——含有丰富的氨基酸、矿物质和可溶性膳食纤维，经常食用能增强免疫力、预防疾病的发生。多种菌菇搭配健康的橄榄油一起食用，抗癌效果绝佳。

扫一扫
看制作视频

 罐沙拉就该这样装

杂菇油醋酱→杏鲍菇→香菇→金针菇→蟹味菇→平菇→油菜

洋葱圆白菜三色意粉沙拉

- **适合症状：** 动脉粥样硬化
- **份量：** 1～2人份
- **保存时间：** 冷藏2～4天
- **食用餐具建议：** 叉子/筷子/勺子

材料

❶ 三色意粉……50克
❷ 紫洋葱……100克
❸ 甜玉米粒（罐头）70克
❹ 圆白菜……100克
❺ 西蓝花……80克
❻ 黄瓜……80克
❼ 香菜……6克

营养成分：

碳水化合物、蛋白质、膳食纤维、B族维生素、维生素C、维生素E、维生素K等。

Tips

迷迭香可以换成自己喜欢的香草，如罗勒、牛至等。

做法

1 紫洋葱切丝；圆白菜用手撕成小片；黄瓜切条；西蓝花切成小朵。

2 锅中注水煮沸，放入三色意粉，煮熟后捞出过凉水；将西蓝花、圆白菜焯煮至断生，捞出。

3 香菜切段，取甜玉米粒70克备用。

西蓝花用盐水泡

西蓝花从表面上看不出里面是否干净，里面可能隐藏着灰尘或者小虫。因此除了用流水冲洗干净之外，最好再用盐水浸泡至少20分钟。

番茄意面酱

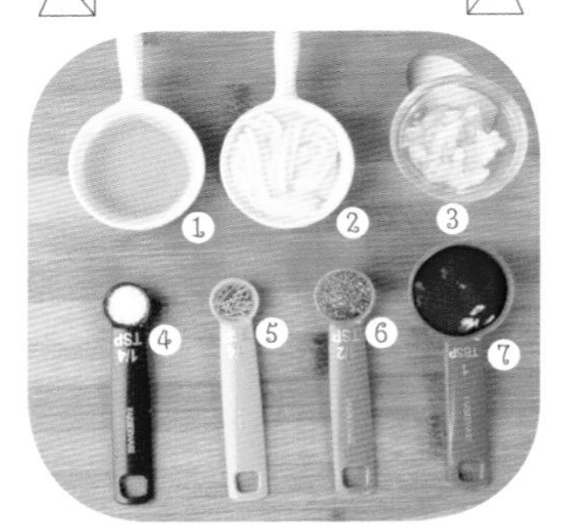

❶ 橄榄油2大勺
❷ 沙拉酱2大勺
❸ 蒜末5克
❹ 盐3克
❺ 迷迭香少许
❻ 黑胡椒4克
❼ 番茄酱1大勺

1 取一小碗，放入沙拉酱、番茄酱、橄榄油，调匀。

2 加入蒜末、盐、黑胡椒、迷迭香，拌匀即可。

圆白菜酥脆清甜，容易消化，非常适合用来制作罐沙拉，其特殊的清甜香味来源于一种含硫的化合物，这种物质对预防癌症、防治心脑血管疾病具有积极的功效。西蓝花中也含有同样的物质，一起食用，抗癌功效不容小觑。

罐沙拉就该这样装

番茄意面酱→三色意粉→圆白菜→甜玉米粒→西蓝花→紫洋葱→黄瓜→香菜

附录：自制酱料速查

· 百搭的基础款酱料

蒜盐椒油酱 42页

牛奶蛋黄酱 46页

中式沙拉酱 48页

蒜泥芝麻酱 54页

简易沙拉酱 58页

蜂蜜沙拉酱 62页

奶香沙拉酱 118页

增鲜沙拉酱 120页

千岛酱 132页

蓝莓沙拉酱 142页

· 有助于瘦身的低脂酱料

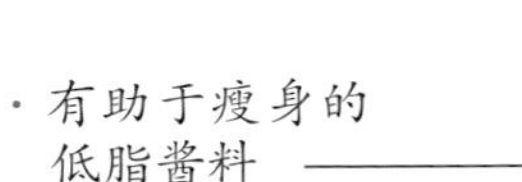

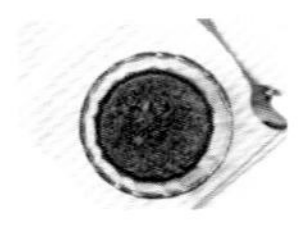
薄荷油醋酱 26页

杏仁酸奶沙拉酱 28页

蜂蜜水 30页

油醋酱 32页

猕猴桃千岛酱 64页

芝麻油醋酱 100页

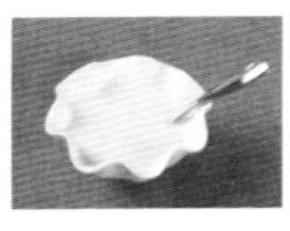
酸奶沙拉酱 114页

低脂沙拉酱 126页

· 适合老年人食用的健康酱料

橄榄油乌醋酱 38页

橙汁橄榄油酱 66页

橄榄菜油醋酱 128页

无盐橄榄油醋酱 130页

番茄莎莎酱 134页

简易油醋汁 136页

蒜香豆瓣酱 148页

杂菇油醋酱 154页

· 适宜搭配面食的酱料

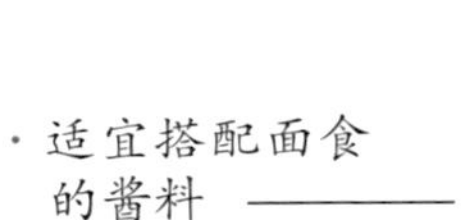

芝麻醋凉面酱 36页

芝麻蛋黄酱 74页

意大利面白酱 86页

川味麻辣酱 96页

番茄意面酱 156页

· 适宜搭配海鲜的酱料

黄芥末沙拉酱 40页

芒香芥奶酱 60页

黑胡椒沙拉酱 76页

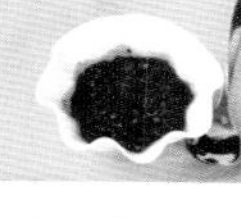

柠檬蒜蓉油醋酱 78页

橙香油醋酱 84页

泰式鱼露酱 102页

橄榄油XO酱 138页

料酒油醋酱 140页

果香塔塔酱 146页

酸奶芝士酱 150页

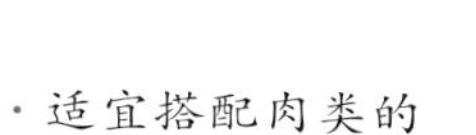

· 适宜搭配肉类的酱料

迷迭香柠檬汁 44页

咖喱蛋黄酱 72页

番茄辣椒酱 80页

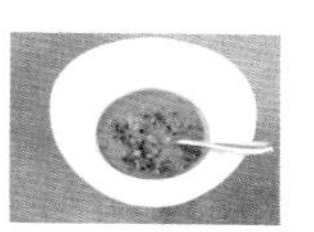

韭菜花芝麻酱 88页

味噌沙拉酱 94页

剁椒香辣酱 98页

蚝油沙拉酱 104页

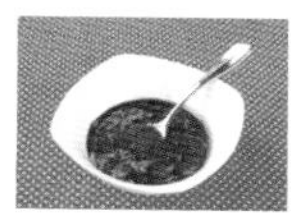

虾皮芝麻酱 108页

家常鲜香酱 110页

糖醋番茄酱 116页

鸡肉饭葱油酱 122页

· 甜酸香辣的"味觉系"酱料

草莓千岛酱 24页

蜂蜜酸奶蓝莓酱 34页

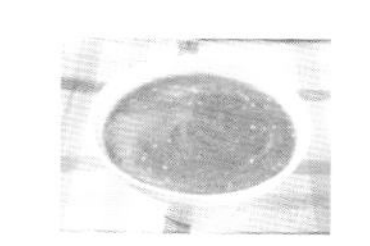

苹果柠檬沙拉酱 50页

猕猴桃沙拉酱 52页

苹果醋橄榄油酱 68页

凤尾鱼沙拉酱 70页

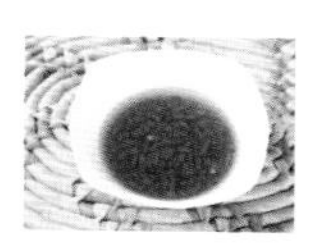

油醋甜辣酱 82页

柠檬酸奶沙拉酱 92页

花生沙拉酱 106页

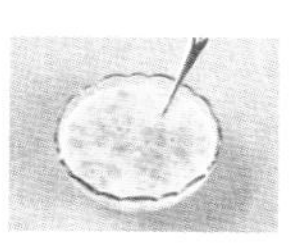

猕猴桃酸奶沙拉酱 112页

咖喱番茄酱 144页

老酸奶甜辣酱 152页

图书在版编目（CIP）数据

低卡美味罐沙拉 / 孙晶丹主编. —北京：中国纺织出版社，2016. 1
ISBN 978-7-5180-2119-2

Ⅰ. ①低… Ⅱ. ①孙… Ⅲ. ①沙拉—菜谱 Ⅳ. ①TS972. 121

中国版本图书馆CIP数据核字(2015)第257361号

摄影摄像：深圳市金版文化发展股份有限公司
图书统筹：深圳市金版文化发展股份有限公司

责任编辑：卢志林　　特约编辑：翟丽霞
责任印制：王艳丽

中国纺织出版社出版发行
地址：北京市朝阳区百子湾东里A407号楼　邮政编码：100124
销售电话：010—67004422　传真：010—87155801
http://www.c-textilep.com
E-mail:faxing@c-textilep.com
中国纺织出版社天猫旗舰店
官方微博http://weibo.com/2119887771
深圳市雅佳图印刷有限公司印刷　　各地新华书店经销
2016年1月第1版第1次印刷
开本：710×1000　1 / 16　印张：10
字数：167千字　定价：39.80元
